MATERIAIS ELÉTRICOS
Condutores e Semicondutores

Blucher

Walfredo Schmidt

Eng. Prof. Pesquisador CNPq

MATERIAIS ELÉTRICOS
Condutores e Semicondutores

Volume 1

3ª edição revista e ampliada

Materiais elétricos: condutores e semicondutores
© 2010 Walfredo Schmidt
3ª edição – 2010
4ª reimpressão – 2017
Editora Edgard Blücher Ltda.

Blucher

Rua Pedroso Alvarenga, 1245, 4º andar
04531-934 – São Paulo – SP – Brasil
Tel.: 55 11 3078-5366
contato@blucher.com.br
www.blucher.com.br

Segundo o Novo Acordo Ortográfico, conforme 5. ed.
do *Vocabulário Ortográfico da Língua Portuguesa*,
Academia Brasileira de Letras, março de 2009.

FICHA CATALOGRÁFICA

Schmidt, Walfredo
    Materiais elétricos: condutores e semicondutores.
3. ed. rev. e ampl. São Paulo: Blucher, volume 1,
2010.

ISBN 978-85-212-0520-3

1. Engenharia elétrica – Materiais I. Título.

10-00503   CDD-621.3

Índices para catálogo sistemático:
1. Materiais elétricos: Propriedades: Engenharia
elétrica   621.3
2. Propriedades dos materiais elétricos: Engenharia
elétrica   621.3

Sumário

Introdução

Materiais Elétricos é uma das matérias do programa mínimo do MEC, por se constituir em disciplina básica para as de Instalações Elétricas, Projeto de Máquinas, Eletrônica Industrial e outras. Como tal, recomenda-se sua inclusão na terceira série ou no 6º e 7º semestres do curso de Engenharia Elétrica, tanto na modalidade Eletrotécnica ou Energia ou Potência quanto Eletrônica.

Analisando-se os programas apresentados pelas diversas Escolas e Faculdades, nota-se grande discrepância entre o que é apresentado, sobretudo se observarmos um pouco mais outras cadeiras correlatas. Certamente essa situação levou o Ministério da Educação a definir, com precisão, a ementa da cadeira de Materiais Elétricos, bem como outra anterior, a de Eletricidade do ciclo básico, definida conforme segue.

"A matéria Eletricidade incluirá: Circuitos; Medidas elétricas e magnéticas; Componentes e equipamentos elétricos e eletrônicos; Atividade de laboratório."

Fica, portanto, bem claro o objetivo dessa cadeira, que é fornecer às diversas especialidades de engenheiros uma informação *completa* na área de equipamentos e componentes, e de sua função e atuação no sistema, e que nesta edição tem duas complementações importantes:

1. Os livros que abordam os temas de condutores, semicondutores, isolantes e materiais magnéticos tiveram uma total revisão no tocante às novas determinações ortográficas; e

2. Aplicando os conhecimentos das matérias-primas dos dois livros originais, seguem textos de aplicação destas matérias-primas em componentes elétricos do dia a dia do profissional da área elétrica (eletrônica e de potência ou energia).

O passo seguinte – apenas para os eletricistas, e isso antes de passarem ao projeto (geralmente no 4º ano) – é a análise das propriedades dos materiais de que são construídos esses equipamentos e componentes, o que em última análise permite ou deve permitir ao aluno "raciocinar" em termos de matérias-primas e, eventualmente, de sua adaptação a novas condições de serviço ou de sua substituição por outras mais adequadas.

A cadeira de Materiais Elétricos visa, portanto, conferir ao aluno "critério" na sua atividade de engenharia, o que também é confirmado pela ementa: "a matéria Materiais Elétricos incluirá: Elementos de ciência dos materiais; Tecnologia dos materiais elétricos e magnéticos; Atividades de laboratório."

Torna-se, portanto, matéria básica para a perfeita compreensão das construções de equipamentos e componentes, e é dentro desse espírito que a presente obra se apresenta.

Fundamentalmente, a leitura e a assimilação do exposto é positivamente influenciada, se tivermos sempre em mente as respostas a estas perguntas: "Por que as soluções utilizadas são as adotadas? "Será que não existe um material que resolveria melhor o problema existente?"

Eng. Prof. Walfredo Schmidt
São Paulo, 2009

Capítulo 1
Análise geral dos metais

1 • CARACTERÍSTICAS

Os elementos químicos são classificados em metálicos e em metaloides ou não metálicos. Os metais, por seu lado, apresentam as características apontadas a seguir:

a) *Estrutura cristalina*. Todos os metais possuem geralmente estrutura cristalina e, como tal, apresentam uma disposição regular e ordenada dos seus átomos.

b) *Brilho típico*, por isso mesmo chamado de brilho metálico. Os metais possuem elevada capacidade de reflexão à luz.

c) *Opacidade*. Os metais mantêm essa propriedade até que sejam reduzidos a lâminas muito finas, com espessura inferior a 0,001 mm.

d) *Elevada condutividade elétrica e térmica*. Comparados com os metaloides ou não metálicos, todos os metais são bons condutores de calor e de corrente elétrica. Além disso, os metais com condutividades elétricas elevadas, como a prata, o cobre e o alumínio, apresentam também condutividades térmicas elevadas. Os não metais e as ligas de metais com metaloides apresentam, à temperatura ambiente, condutividade elétrica tão baixa que são classificados como isolantes. Tais corpos ainda possuem uma variação da resistência em função da temperatura, inversa à dos metais: estes elevam sua resistência com elevação da temperatura, apresentando, por isso, um coeficiente de temperatura da resistência (α) positivo.

e) *São geralmente sólidos*. Tomando como referência a temperatura ambiente, todos os metais, com exceção do mercúrio, são sólidos. O mercúrio se solidifica apenas a –39 °C.

f) *Capacidade de deformação e moldagem*. Perante elevação de temperatura e aplicando esforços mecânicos por meio de prensas, laminadoras etc, os metais são transformados em suas seções transversais. Muitas vezes, por outro lado, os isolantes são rígidos e quebradiços.

g) *Encruamento*. Metais deformados a frio endurecem e reduzem sua condutividade elétrica. Essa característica é chamada de encruamento, que pode ser eliminado por um recozimento.

h) *Transformam-se em derivados metálicos*, quando expostos a certos ambientes. Assim, perante o *oxigênio* do ar, formam-se *óxidos,* em *ácidos* sob a ação de *sais*. Os *óxidos metálicos*, por sua vez, dissolvidos em *ácidos*, resultam em *sais*. Como regra geral, todos os derivados metálicos são menos condutores que os metais de origem.

i) Pela capacidade de se combinarem entre si, podem formar *ligas metálicas*. Essas ligas têm grande importância nas aplicações elétricas.

A título de informação cabe observar, ainda, que alguns elementos se apresentam simultaneamente na forma de *metal* e de *metaloide*, como é o caso do selênio, do carbono e do estanho.

2 • CLASSIFICAÇÃO

Tomando como referência o peso específico dos metais, estes podem ser classificados em:

a) *Metais leves*, que são todos aqueles com peso específico abaixo de 4 g/cm^3, como no caso de Al, Mg, Be, Na e Ca.

b) *Metais pesados*, aqueles com peso específico igual ou maior que 4 g/cm^3. Estes podem ser dos tipos:

   • *de baixo ponto de fusão*, os que apresentam um ponto de fusão até 1 000 °C, como é o caso de Sn, Pb, Zn, Sb;

   • *de ponto de fusão médio*, no caso de a fusão ocorrer entre 1 000 e 2 000 °C, por exemplo, Cu, Fe, Ni e Mn;

   • *de alto ponto de fusão*, para valores acima de 2 000 °C; como exemplos, W, Mo, Ta.

Capítulo 2

Obtenção

A obtenção dos metais é um estudo que cabe à metalurgia. As matérias-primas básicas são os minérios, ou seja, as ligações do metal com oxigênio, enxofre, sais, ácidos etc. Na natureza, encontramos no estado puro apenas os metais nobres, como o ouro e a platina, e pequenas quantidades de prata e de cobre. Em cada caso, o processo de obtenção do metal conta com particularidades, redutores e processos de purificação. Na obtenção dos metais, vamos, no presente estudo, restringir-nos aos de maior uso **elétrico**.

1 • OBTENÇÃO DO COBRE

O principal minério de cobre é o $CuFeS_2$, vindo, a seguir, o Cu_2S, o Cu_3FeS_3, o Cu_2O e o $CuCO_3 \cdot Cu(OH)_2$. A porcentagem de cobre nesses minérios varia de 3,5 a 0,5%. As principais jazidas se localizam no Congo, Estados Unidos da América, Austrália, Espanha, Suécia, Noruega e Chile.

Os processos de obtenção se classificam em processo seco e por via úmida.

Processo seco – Após a eliminação parcial do **enxofre**, efetua-se uma redução em **fornos de fusão**, através de **carbono** e **aditivos ácidos**, os quais irão absorver grande parte do **ferro**. Obtêm-se, assim, dois líquidos de peso específico diferente, ficando, na parte superior, com menor densidade, um concentrado **ferroso** e, na parte de baixo, um composto de **cobre**, contendo cerca de 45% desse metal. A reação química que aí se processa é a seguinte:

$$2Cu_2O + Cu_2S \rightarrow 6Cu + SO_2$$

Por via úmida – **Minérios pobres** em cobre são industrializados por um processo **úmido**. Aplicando-se ao minério uma solução de **enxofre**, obtém-se uma solução de **sulfato de cobre**, da qual o cobre é deslocado pela ação do **ferro**. Esse é basicamente o processo eletrolítico de se obter o cobre, representado por mais de **90%** de todo o cobre obtido mundialmente.

Purificação do cobre – A **pureza** do cobre para fins **elétricos** deve atingir valores de 99,9%. Como o cobre resultante dos processos mencionados nem sempre atinge esses valores, há necessidade de **purificação**. Assim, o cobre de pureza de 94 a 97% é fundido com certos aditivos, com o que a pureza se eleva a 99%. Esse cobre é transformado em **placas anódinas** e inserido num processo eletrolítico. O catodo é formado das **chapas de cobre**, e o **eletrólito** de uma **solução de sulfato de cobre** com **acidificação** por enxofre.

Durante o processo eletrolítico, todo o **cobre** do anodo se transfere ao catodo, ficando as impurezas, como Fe, Ni, Co e Zn, retidas no **eletrólito**. Havendo, entre as impurezas, metais nobres como Ag, Au e Pt, estes se depositam **no fundo** da cuba eletrolítica, fazendo parte da chamada "lama do anodo".

O **cobre eletrolítico** assim obtido **não** pode ser laminado, havendo, portanto, necessidade de **sua fusão**, daí resultando os **lingotes**, próprios para a industrialização.

2 • OBTENÇÃO DE CHUMBO, ZINCO E NÍQUEL

Os minérios **de chumbo** (Pb) e **de zinco** (Zn) geralmente encontrados são **sulfatos**, respectivamente PbS e ZnS. O **níquel** (Ni), por seu lado, é mais raramente encontrado. Esses metais também podem ser refinados por **processos de redução**. No caso particular do **zinco**, o processo de redução se torna mais complexo, pelo fato de a **temperatura de fusão** ser de 907 °C e a de **redução** de 1 100 °C. Com isso, na fase de redução, o zinco já está no estado de vapor, o que exige fornos fechados para o **processo**.

O **processo** "seco" é o mais imperfeito, o que faz com que se prefira o **processo eletrolítico**. O minério de níquel é inicialmente convertido em NiO. Reduzido na presença de **vapor de água** a 400 °C, obtém-se níquel, que, na presença de **gás carbônico**, a 80 °C, forma um gás com composição de $Ni(CO)_4$, havendo, posteriormente, a **decomposição** do Ni e do CO, obtendo-se **níquel** com **pureza de 99,9%**.

3 • OBTENÇÃO DE TUNGSTÊNIO

Os principais minérios de **tungstênio** (W) são o $CaWO_4$, o $PbWO_4$ e a wolframita [$(Mn, Fe)WO_4$]. Esses minérios são encontrados principalmente na China, Estados Unidos, Malásia, Portugal e Bolívia. Os minérios são inicialmente tratados com soda, do que resulta um **wolframato de sódio**, e que **fornece óxido de tungstênio** (WO_3). Após uma secagem a 300 °C, o óxido é **reduzido à pó**. A refrigeração deve ser efetuada em ambiente controlado. Os grãos do pó metálico serão tanto **maiores** quanto mais **elevada a temperatura** e mais longo o **tempo de redução**. A reação química é a seguinte:

$$WO_3 + 3H_2 \rightarrow W + 3H_2O$$

A redução do WO_3 pode ser feita tanto por **carbono** finamente dividido quanto por monóxido de carbono (CO), aplicado a 1 000 °C. Esse último processo parece menos adequado à obtenção de tungstênio para uma das suas principais aplicações, que é a empregada na fabricação de **filamentos de lâmpadas**.

O tungstênio possui uma temperatura de fusão muito elevada, da ordem de 3 300 a 3 400 °C. Esse fato dificulta extremamente, ou mesmo impossibilita, sua fusão, fazendo com que geralmente seja usado o processo da sinterização dos pós, analisado mais adiante.

4 • OBTENÇÃO DO ALUMÍNIO

Os principais minérios são a **bauxita** ($Al_2O_3 \cdot H_2O$), ou, em outra forma, o **hidróxido de alumínio** [AlO(OH)], frequentemente misturado com impurezas, como o **ferro** e outros aditivos. No grupo dos materiais condutores, o alumínio ocupa lugar cada vez **mais importante**, por ser uma alternativa técnica e economicamente **válida** para substituir o **cobre**, sobretudo devido às jazidas relativamente grandes que existem, e particularmente no Brasil, 7% **de toda a crosta terrestre é alumínio**.

O alumínio se caracteriza por uma grande afinidade com o **oxigênio**, ou seja, **apresenta oxidação rápida**. Esse aspecto faz com que a redução normal do alumínio perante carbono ou **CO não** seja recomendada, passando-se ao processo de obtenção explicado a seguir.

Parte-se do óxido de alumínio (Al_2O_3) **puro**, como minério. Para tanto, é necessário primeiramente eliminar o **óxido de ferro** e outros **ácidos**, havendo, para tanto, diversos processos. **Pelo processo de Bayer**, a bauxita, tratada termicamente e finamente moída, é colocada numa solução concentrada de **sódio** sob pressão e a uma **temperatura** de 160 a 170 °C. Nessa fase, o alumínio do minério se transforma em **aluminato de sódio**, eliminando o **ferro** e outros aditivos na forma de uma **lama**. O assim obtido $Al(OH)_3$ tem comportamento **básico** e ácido. É feita a filtragem, sendo depois a solução do **aluminato** "vacinada" com hidróxido **de alumínio puro** cristalizado, quando então o alumínio dissolvido **se separa** na forma de $Al(OH)_3$, que, após um tratamento térmico ao rubro, **resulta em Al_2O_3 puro**.

Como a temperatura de fusão do **óxido de alumínio** é muito elevada (2 050 °C), este é **dissolvido** a 950 °C em **fluorito de alumínio e sódio** (Na_3AlF_6), para, em seguida, ser-lhe aplicado **o processo eletrolítico**. O anodo é um **eletrodo de carbono**; o catodo é a **cuba de aço** revestida com carbono internamente. O alumínio é o meio líquido em fusão, que ficará sob a ação de uma **tensão elétrica** de aproximadamente 6 V e a **corrente** de 10 kA a 30 kA. O alumínio que se deposita no catodo é pouco mais pesado que o eletrólito em fusão, o que faz com que se **deposite no fundo**.

Capítulo 3
Constituição dos metais puros

Os metais se caracterizam por possuir uma **constituição cristalina**. Esse cristal, por sua vez, apresenta uma determinada **disposição de átomos**, tanto em termos de **afastamentos interatômicos** quanto na **forma geométrica** que resulta ao se unirem esses átomos.

Cada elemento cristalino ou sólido tem sua forma cristalina particular. Alguns sólidos, porém, não são cristalinos, e sim **amorfos**, como é o caso do vidro. Aliás, classificar o **vidro** como "sólido" não está bem correto, pois o seu comportamento se assemelha antes ao de um líquido com elevadíssimo peso específico.

Nos cristais, podemos sempre estabelecer a **"grade cristalina"** que os caracteriza, particularmente pelo uso de raios Roentgen (raios X). Os átomos individuais respeitam entre si determinados **afastamentos**, evitando, assim, que se choquem. Em alguns casos, porém, esse afastamento é tão pequeno que algumas camadas de elétrons se **interpenetram**. Por isso, é normal que os metais sejam representados graficamente só pelos seus **núcleos atômicos**, para tornar a representação mais clara.

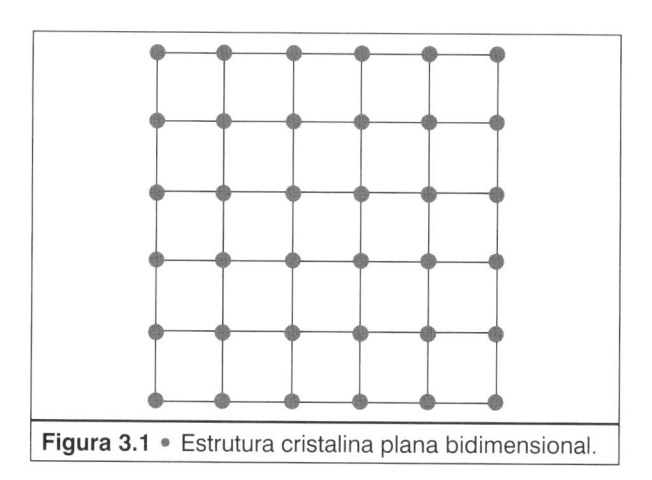

Figura 3.1 • Estrutura cristalina plana bidimensional.

As Figuras 3.1 e 3.2 mostram tal representação, bi e tridimensional. Na Figura 3.2, o afastamento entre duas **grades nucleares** (como o da Figura 3.1) é da ordem

de 10^{-8} cm. Casos há, porém, em que um único parâmetro não define suficientemente a **estrutura**, o que leva a aumentar o número de parâmetros característicos.

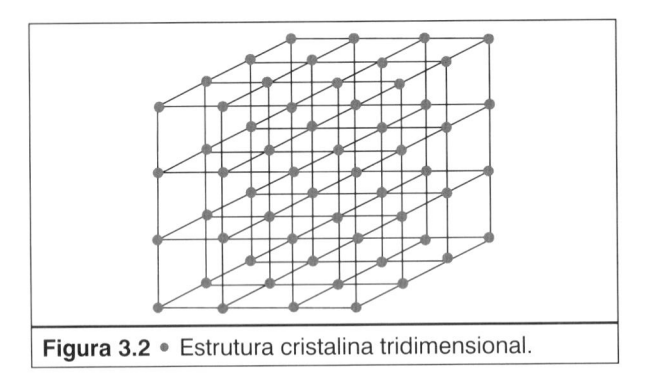

Figura 3.2 • Estrutura cristalina tridimensional.

Os metais têm a tendência de dispor seus núcleos em camadas **simples** ou **com-
pactas**, como demonstram as Figuras 3.6a e 3.6b. Na maior parte dos casos, a disposição cristalina segue o formato de um **cubo** – sistema cúbico (Figuras 3.3 e 3.4) –
havendo casos de disposições **hexagonais** (Figura 3.5). Em casos de maior
concentração, a estrutura será a da Figura 3.6; nos demais, tem-se o **sistema cúbico
de núcleo central**, representado na Figura 3.3. A estrutura completa de um metal
resulta da associação de elevado número desses cristais, quando, então, cada **parede
externa** do cubo ou hexágono pertence simultaneamente a outro cristal adjacente.

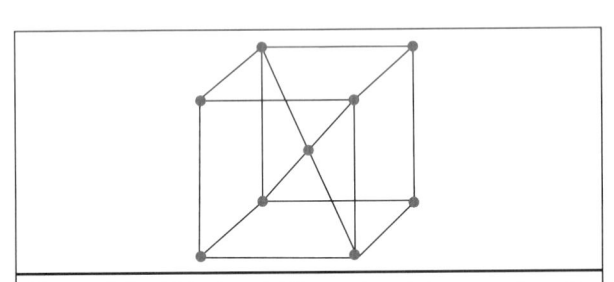

Figura 3.3 • Estrutura tridimensional de um cubo: sistema cúbico com átomo central.

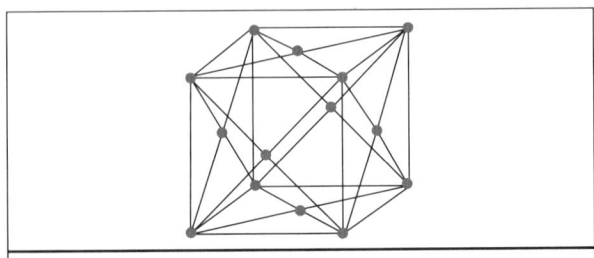

Figura 3.4 • Estrutura tridimensional de um sistema
cúbico com átomo centrado na face.

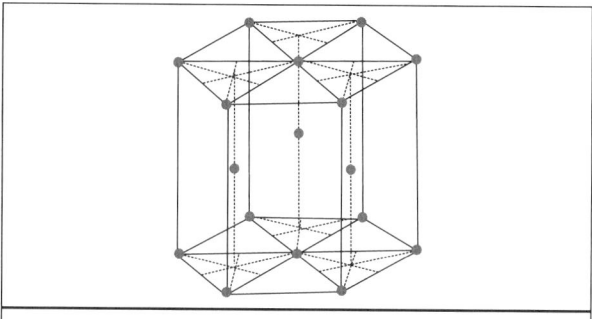

Figura 3.5 • Estrutura tridimensional de um sistema hexagonal.

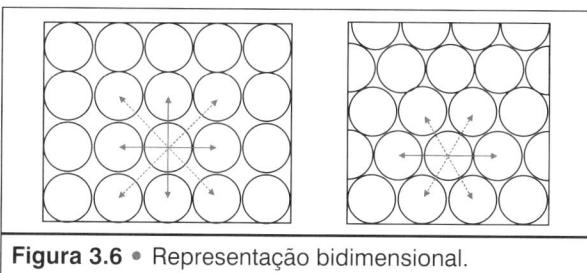

Figura 3.6 • Representação bidimensional.
a)   normal.
b)   compactada.

Um plano cristalino com a **disposição hexagonal** terá, em corte, a configuração da Figura 3.6b, pois trata-se do caso em que **um** dado núcleo cristalino faz contato com seis outros núcleos.

Os átomos da Figura 3.6 se mantêm em posições e **afastamentos definidos**, devido aos esforços de **atração** e **repulsão** de forças eletrostáticas, dando origem à situação designada por *coesão*. Os átomos, entretanto, não permanecem parados, mas são tomados por um movimento vibratório que tem sua posição média na posição indicada na grade cristalina. Se a temperatura for abaixada, a **amplitude** da vibração diminuirá; se for elevada, a **amplitude** aumentará, até que os átomos rompam seu percurso normal de **vibração**, fazendo com que a energia cinética supere a ação da força de coesão e o metal flua, passando a **líquido**. É a fusão do metal. Por isso, de modo geral, os metais mais **duros** e **resistentes** mecanicamente, por terem **uma** *coesão* mais elevada entre seus núcleos, são também metais cujo ponto de fusão é mais elevado.

1 • SISTEMAS DE LIGAÇÃO ATÔMICA DOS METAIS

Lembrando que um átomo é formado de **prótons**, **nêutrons** e **elétrons** – em sua forma mais fundamental, que prevalece no entendimento das características de materiais elétricos – e que essas partículas ocupam posições definidas num átomo, caberá aos elétrons o processo de ligações atômicas por serem os elementos externos que farão o contato com átomos adjacentes. Esse contato poderá levar a ligações atômicas, contanto que a capacidade de ligação dos átomos envolvidos não esteja saturada pela presença de oito elétrons na última camada, **a camada da valência**.

Em todos os demais casos, existe a tendência de se completar até o valor oito o número de elétrons nessa camada, através da combinação com outros átomos adjacentes, também não saturados. Daí resultam as diferentes probabilidades de interligação dadas a seguir.

1) *Ligação iônica*. Corresponde à ligação entre um átomo com um número de elétrons superior a quatro com outro, inferior a quatro, perfazendo, nessa ligação, os oito elétrons máximos. Os elétrons que realizam essa ligação são chamados de *elétrons de valência*.

2) *Ligação atômica* (ou homopolar). Além de se movimentarem em torno do núcleo atômico, os elétrons possuem também um movimento helicoidal em torno de um eixo próprio, chamado **de *spin***. Dois elétrons com movimentos helicoidais opostos representam um par de elétrons. Esse tipo de ligação é chamado **de *atômica***, aparecendo quando dois elementos eletronegativos se combinam.

3) *Ligação metálica*. Os metais pertencem ao grupo dos elementos eletropositivos, ou seja, seus átomos tendem a perder ou ligar os elétrons da camada de valência.

Numa grade cristalina, os átomos metálicos liberam os seus elétrons de valência, de modo que os átomos na grade são eletropositivos, e, como não há átomos eletronegativos para absorver os elétrons livres, estes preenchem o espaço entre os átomos com a **chamada "nuvem de elétrons"** que, por sua vez, exerce forças de atração sobre os átomos eletropositivos. Os campos elétricos assim formados atuam em todas as direções, fazendo com que os elétrons livres não fiquem condicionados a um determinado núcleo. Essa facilidade de movimentação é a responsável pela elevada *condutividade eletrônica* dos metais, não estando, portanto, condicionado a uma decomposição ou modificação estrutural do metal.

2 • O PROCESSO E AS CURVAS DE RESFRIAMENTO

Durante a fusão, o metal recebe uma determinada quantidade de calor; sem, com isso, ter a sua temperatura elevada. Os átomos, que até aqui apenas apresentavam um estado oscilatório em torno de sua posição média, adquirem, na fusão, uma movimentação própria instantânea. A energia necessária para isso é o **calor de fusão**. No ciclo inverso, essa quantidade de calor é liberada durante o ciclo de esfriamento, conforme vem representado na Figura 3.7. Assim, por exemplo, tendo-se o esfriamento de um chumbo em fusão partindo de 380 °C e acompanhando-se a variação de temperatura, nota-se que, a 327 °C, a curva se torna horizontal, ou seja, entra em vigor um estado transitório em que uma determinada temperatura se mantém durante um certo tempo, para depois continuar a decair de modo semelhante ao encontrado na fase anterior a essa temperatura. Essa temperatura característica do chumbo é a **sua temperatura de solidificação**. Esse comportamento se justifica pela liberação, neste ponto, da quantidade de calor de fusão, sem elevação de temperatura na fusão, e, consequentemente, sem redução de temperatura na solidificação. Se ocorrer um esfriamento acelerado, o desenvolvimento das curvas de solidificação será o das Figuras 3.7c e d.

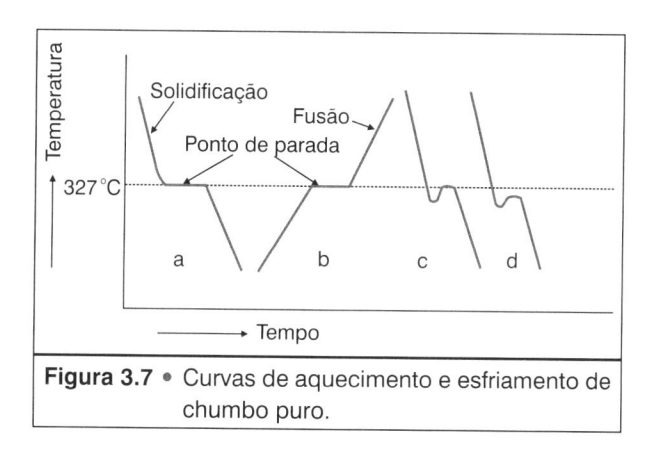

Figura 3.7 • Curvas de aquecimento e esfriamento de chumbo puro.

Formação e crescimento dos cristais

O cristal se forma no esfriamento de um metal em fusão assim que alguns átomos estabelecem entre si distâncias definitivas, sendo estes os **"gérmens cristalinos"**. Em alguns casos, esses gérmens são cristais residuais que não se dissociaram na fusão. O crescimento gradativo se faz presente pela ação de forças entre os cristais, fazendo com que, átomo após átomo, ocupem seu lugar no **sistema ou grade cristalina**. Porém esse crescimento nem sempre é regular, dando origem assim a defeitos, que irão influir nas características elétricas, mecânicas e outras desses metais. Também o número de **"gérmens cristalinos"** varia com a velocidade de esfriamento, notando-se que quanto maior essa velocidade, maior o número de gérmens, levando a uma solidificação simultânea em diversas posições. O número de gérmens também pode ser elevado mediante o acréscimo de elementos externos, por assim **dizer "focos de solidificação"**, influindo no tamanho do cristal que está se formando.

Um segundo fator determinante do tamanho do cristal é a **velocidade de cristalização**: também esta se eleva com um esfriamento mais rápido, parcialmente com maior rapidez do que a formação **de "focos"**. Esses fatos explicam por que certas peças fundidas, esfriadas em condições diferentes de velocidade de esfriamento, têm tamanhos de grãos diferentes. **Quanto mais rápido o esfriamento, mais fina a estrutura cristalina**.

É geralmente vantajoso ter-se um metal com uma estrutura cristalina fina, porque assim resultam propriedades elétricas (condutividade) e mecânicas (dobramento, laminação etc.) mais apropriadas. Se, entretanto, grãos cristalinos de maior tamanho forem mais apropriados, os metais com estrutura fina podem receber um tratamento térmico até o rubro, o que faz crescer o tamanho dos cristais pela junção de certo número de cristais menores, podendo até chegar a um **monocristal**.

Modificações estruturais

Após a solidificação, alguns metais ainda se modificam quando a estes é aplicado um novo esfriamento. Ocorre, nesse caso, uma mudança de posição de átomos do cristal, alterando-se a estrutura cristalina, com o que, obviamente, suas propriedades também sofrem modificações sensíveis. Acompanhando essas modificações cristalinas, liberam-se pequenas quantidades de calor, que são indicadas no gráfico de aquecimento e esfriamento como pequenos patamares horizontais (Figura 3.8). Esse comportamento é de particular interesse na metalurgia, dando origem a diferentes formas de ferro (α, δ, γ etc). Também o estanho tem esse comportamento.

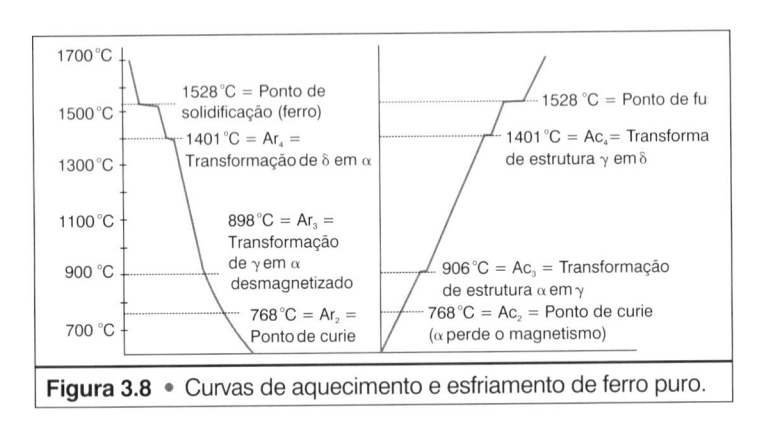

Figura 3.8 • Curvas de aquecimento e esfriamento de ferro puro.

A Figura 3.8 mostra a curva de aquecimento e de esfriamento do ferro puro. Partindo, no esfriamento, de mais de 1 700 °C, ocorre o primeiro patamar na temperatura de solidificação, a 1 528 °C, dando origem ao ferro – δ. A distância entre grades cristalinas é de 2,93 x 10^{-10} m, sendo o seu sistema cristalino o cúbico normal (Figura 3.3). A 1 401 °C, **o ferro-δ se transforma em ferro-γ**, com uma estrutura igual à da Figura 3.4, um pouco maior que o anterior, devido ao maior número de átomos. **A constante de grade** (distância) é agora de 3,68 x 10^{-10} m. A 898 °C, o ferro γ se transforma **em ferro-α**, com disposição cristalina igual **ao** δ, mas com distância entre grades de 2,898 x 10^{-10} m. Continuando o esfriamento, o ferro **até** então não magnético, passa, abaixo de 768 °C (temperatura de Curie) a ficar magnético, **sem que a estrutura cristalina se modifique**.

No caso do zinco, abaixo de 132 °C, tem-se o zinco no sistema cúbico (forma α), até 161 °C, passa a ser zinco-β (grade tetragonal) e daí até a temperatura de fusão a 232 °C, será rômbico.

3 • ANISOTROPIA CRISTALINA

Um cristal **é anisotrópico** quando suas características elétricas, mecânicas etc. variam **de acordo com o eixo cristalino em que são medidas**. Assim, por exemplo, um cristal de cobre, cujo sistema cristalino é o cúbico de elemento central, apresenta os valores dados pela Tabela 3.1.

Tabela 3.1 • Valores de resistência à tração em função da posição cristalina.	
Posição cristalina	**Resistência à tração (N/mm²)**
Na aresta	1,46
Na diagonal de superfícies	2,01
Na diagonal interna	3,50

A **anisotropia cristalina** é também função **do tamanho do grão** ou cristal, sendo mais destacada em grãos cristalinos **grandes** do que nos pequenos. Perante a existência de tal propriedade, é lógico que o atendimento de certas características do material elétrico pode ficar **condicionado** à escolha do correto ângulo de aplicação de esforços, para se obter um dado resultado. Por isso, é comum em certos casos, como o de **metais magnéticos**, o conhecimento preliminar dos **ângulos** de anisotropia cristalina, para então se dar ao material a configuração mais própria ao seu uso no componente elétrico.

4 • PROCESSO DE SOLIDIFICAÇÃO DE LIGAS DUPLAS

Dentro das finalidades do presente livro, não cabe, a nosso ver, detalhada análise de **métodos de transformação** dos materiais, apesar da grande influência que o método usado tem sobre as **características** do material. Assim, a análise visa levantar problemas e conceitos de interesse da **área elétrica**, e isso em função de uma série de exemplos do nosso dia a dia.

As **ligas** aparecem quando dois ou mais metais se **misturam** e se ligam **estruturalmente**, no estado líquido ou no de fusão, **permanecendo** assim quando solidificam. Às vezes, também elas são feitas de **não metais** que se dissolvem em metais. Distinguem-se ligas de dois, três ou diversos metais. Os processos de solidificação podem ser apresentados de maneiras bem diversas. Desse grande conjunto de possibilidades, vamos destacar alguns casos típicos de ligas de dois metais.

Ligas com formação eutética

O grupo é representado por **dois** metais que, **no estado de fusão**, são totalmente misturáveis entre si, ou seja, formam **uma liga plena**, mas que, ao se solidificarem, se **separam novamente**. Um exemplo desse caso é a liga chumbo-antimônio (Pb-Sb).

Preparando-se ligas com porcentagens diferentes de cada metal, determinam-se as **curvas de esfriamento** em cada caso, representando-se os **valores obtidos** num eixo de coordenadas (Figura 3.9). Na **abscissa** se representam as **porcentagens** (%) de um dos metais presentes, no caso o antimônio, e na **ordenada**, a temperatura (°C).

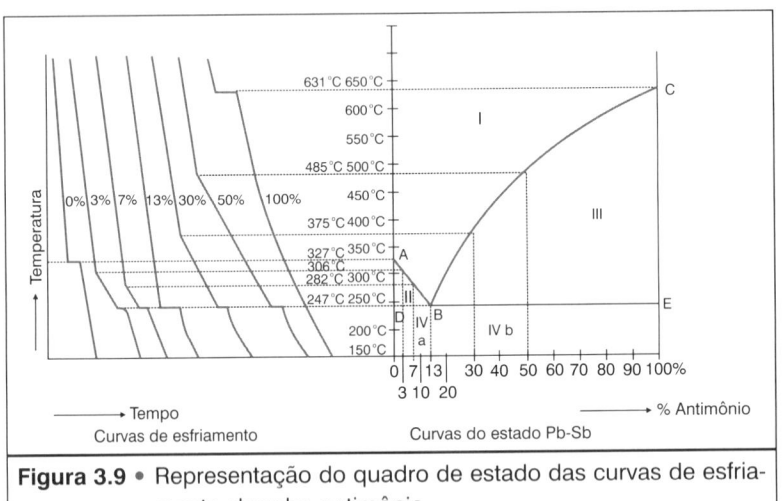

Figura 3.9 • Representação do quadro de estado das curvas de esfriamento chumbo-antimônio.

Do lado **esquerdo** da mesma figura, as **curvas** de esfriamento. A **primeira** curva com porcentagem de Sb mostra o patamar já abordado, a 327 °C, pois, nesse caso, temos 100% de Pb. A **última** curva, com 100% de Sb, apresenta o **patamar** a 631 °C, temperaturas essas que correspondem aos **pontos de solidificação** dos respectivos metais. Transferindo esses pontos para o sistema de coordenadas do **lado direito**, obteremos os pontos A e C. Todas as demais curvas do lado esquerdo apresentam dois patamares, sendo que o de cima indica o **início da solidificação**, e o de baixo o **término**. Entre esses dois patamares, a temperatura **não** se mantém **constante** como no caso de metais puros, se reduz e encontra nitidamente, a 247 °C, o seu **estado final**. Portanto, as ligas solidificam-se durante um **intervalo de temperaturas**. Exceção a essa regra é a liga com 13% de antimônio, que se **solidifica** a 247 °C, como se fosse metal puro. **Essa forma é caracterizada como sendo uma liga eutética**.

Transportando-se todos os pontos da esquerda para a direita, obtemos a **curva** ABC, onde ocorre o seguinte fato interessante: pelo acréscimo de um metal com ponto de solidificação **bem mais elevado** que é o antimônio, passamos o ponto de solidificação do chumbo de 327 °C **para** 247 °C. Esse fato se torna, por vezes, bastante importante em processos dessa natureza.

Ligas com estruturas cristalinas mistas

Seja, por exemplo, a liga **cobre-níquel** (Cu-Ni). Esses metais são perfeitamente combináveis tanto no **estado sólido** quanto no **líquido**.

Tais cristais são, por vezes, também chamados de *solução sólida*. Numa estrutura desse tipo participam dois tipos **diferentes de átomos** na construção da estrutura cristalina. Um **cristal misto não deve ser entendido como uma liga química**.

Para que tais estruturas possam ser obtidas, é necessário que ambos os metais tenham a **mesma** grade cristalina e não apresentem sensíveis diferenças nas distâncias interatômicas, na sua valência, na sua posição na **Tabela Periódica dos Elementos** e na **Série de Tensões Galvânicas**.

5 • PRINCIPAIS DEFEITOS NA SOLIDIFICAÇÃO

Bolhas e poros

Metais em fusão absorvem, frequentemente, grande quantidade de gás, como oxigênio, nitrogênio, gás carbônico etc. Esses gases podem se separar novamente dos metais ou ser absorvidos pelos mesmos na solidificação, devendo sair da massa para não ficarem inclusos, o que tornaria as peças defeituosas e mesmo inutilizadas. A possibilidade de bolhas presas é tanto maior quanto mais rápidos forem o esfriamento e a solidificação das paredes externas da peça fundida.

Fissuras

Também um esfriamento **rápido** ou a presença de quantidades significativas de materiais que não se **combinam** com o metal, leva a formação de **fissuras**, devido ao processo de contração metálica durante o esfriamento. Essas fissuras podem ser **internas** ou **externas**.

Impurezas

São diversas as **impurezas** que se podem apresentar, sejam esses provenientes de transformações do próprio metal (óxidos, sulfatos etc.), sejam do ambiente em que o processo se realiza. **Diversos são também os recursos visando minimizar esses efeitos negativos, tais como processamento em ambiente controlado livre de impurezas etc.**

O que vale ressaltar, entretanto, é a sensível influência dessas impurezas sobre as características elétricas, mecânicas etc. dos metais, obrigando, em alguns casos, ao abandono do produto obtido.

6 • TRANSFORMAÇÃO A FRIO E A QUENTE

Numa **deformação elástica**, o corpo reassume suas condições iniciais após cessados os esforços de deformação. Ao contrário, quando a deformação é **plástica**, a deformação obtida permanece. Assim, é comum se deformarem metais por ação de forças de tração, compressão, flexão etc., dando origem, assim, a **um** *coeficiente de deformação (α)*, que assim é definido:

$$\text{coeficiente de deformação } \alpha = \frac{\text{dimensões iniciais} - \text{dimensões finais}}{\text{dimensões iniciais}} \times 100 \, (\%)$$

Essa deformação é frequentemente realizada através de uma laminação a frio ou a quente, dependendo o processo da dureza do metal, de seu grau de oxidação a quente e das propriedades que se deseja obter.

Por motivos econômicos e técnicos, dá-se preferência, geralmente, à deformação a frio, o que não exclui, pelo menos em algumas etapas do processo de deformação, a necessidade da deformação a quente. Assim, por exemplo, quando a um lingote de cobre se aplica o processo de deformação para chegar a um fio, normalmente o processo de laminação é iniciado a quente, após o que passa a ser a frio, pois, como a quente o material é mais mole, a deformação é facilitada. Ocorre porém, que, a quente, o cobre oxida rapidamente, formando oxido de cobre que é **mau condutor elétrico**. Assim, depois do aquecimento e dessa fase da deformação, é **necessário eliminar o óxido** (decapagem), **para depois continuar** com o processo a frio.

Vale destacar que o processo de deformação influi sensivelmente sobre a disposição cristalina do metal e, em consequência, altera certas características do metal. Ainda no caso do cobre, após a deformação a frio, este se apresenta duro (encruado), com redução de propriedades elétricas, notadamente a condutividade. Essa situação será modificada se fizermos um tratamento térmico (recozimento) do cobre, tornando-se este mais mole devido a "recristalização" que se processa. Entre o "duro" e o "mole", são diversos os graus de recozimento viáveis, de acordo com a aplicação posterior que se quer dar ao metal. Cabe lembrar que, se um metal "duro" não é tão bom eletricamente, o mesmo não acontece com suas propriedades mecânicas, que são superiores. Portanto, se dado metal deve ser usado em condição de solicitação mecânica intensa, é necessário fazer um compromisso de suas propriedades, mantendo-se o mesmo com reduzido ou nenhum recozimento, devido às vantagens mecânicas, a despeito das desvantagens elétricas.

Aliás, é muito frequente esse tipo de compromisso, também no uso das ligas metálicas: uma melhoria mecânica geralmente representa uma deficiência elétrica.

Capítulo 4
Características dos metais

Por se destinar a cursos de engenharia elétrica, e não mecânica, será dada maior ênfase aos metais mais usados nesta área, apesar de que certos metais mecânicos, o ferro e o aço, por exemplo, também se apresentam em equipamentos elétricos devido às suas propriedades estruturais, mecânicas e magnéticas. Esses aspectos serão destacados em análise posterior.

Vamos à análise das propriedades dos metais, inicialmente tratando dos *condutores*.

1 • CLASSIFICAÇÃO GERAL DOS MATERIAIS ELÉTRICOS

Os materiais elétricos ou, de modo mais preciso, os materiais usados em eletricidade são basicamente classificados sob dois pontos de vista:

a) o elétrico, em materiais condutores, semicondutores e isolantes;

b) o magnético, em materiais ferromagnéticos, diamagnéticos e paramagnéticos.

É importante salientar, inicialmente, que os nomes dados aos grupos supramencionados não devem ser encarados como precisos no seu comportamento prático, pois, por exemplo, **inexistem isolantes perfeitos**, assim **como condutores perfeitos**. Todos os materiais apresentam suas limitações de uso, também na eletrotécnica. Portanto a classificação dos materiais na eletricidade se baseia num comportamento relativo entre eles, e numa característica que predomina em ampla faixa e que é a mais importante na aplicação referida. Por isso mesmo, tem-se procurado um denominador comum para essa classificação, utilizando-se, para tanto, **a resistividade transversal** do material em questão, para sua classificação sob ponto de vista elétrico, e as grandezas **da permeabilidade e da suscetibilidade** para os fins magnéticos.

2 • MATERIAIS SOB PONTO DE VISTA ELÉTRICO

Classificação geral

Baseado no valor da **resistividade transversal**, os materiais se classificam em:

- materiais condutores, 10^{-2} a $10\Omega.\text{mm}^2/\text{m}$;
- materiais semicondutores, 10 a $10^{12}\Omega.\text{mm}^2/\text{m}$;
- materiais isolantes, 10^{12} a $10^{24}\Omega.\text{mm}^2/\text{m}$.

Esses valores, tão distintos de resistividade transversal, decorrem do **comportamento condutor perante a corrente elétrica**. Como esta percorre o próprio corpo considerado, poderemos concluir que a diferença no seu comportamento condutor reside **sobretudo na maneira como se apresenta o corpo condutor**.

Realmente, a diferença estrutural entre os materiais é uma das **principais razões do seu comportamento tão diverso**, motivo pelo qual torna-se necessário estudar a própria **estrutura molecular** do corpo e as suas características de ionização e de excitação, **lembrando a variação do seu nível de energia nos diversos estados físicos**.

3 • A ESTRUTURA DOS MATERIAIS CONDUTORES

A circulação de uma corrente elétrica é notada em **materiais sólidos** e **nos líquidos**, e, sob condições favoráveis, também nos **gasosos**. Sob o ponto de vista prático, a maior parte dos materiais condutores são sólidos, e dentro desse grupo, com destaque especial, os metálicos. No grupo dos líquidos, vale mencionar os metais em estado de fusão, eletrólitos e o caso particular do mercúrio, único metal que, à temperatura ambiente, se encontra no estado líquido. O **mercúrio** solidifica-se apenas a –39 °C. Quanto aos gasosos, estes adquirem característica condutora sob a ação de campos muito intensos, quando, então, podem-se ionizar. É o caso **das descargas** através de meios gasosos, como na **abertura instantânea de circuitos elétricos** e o consequente aparecimento de um arco com a formação de um meio condutor conhecido por **plasma**, e que permite o deslocamento tanto de elétrons quanto de íons. Entretanto, normalmente, os gases, mesmo os de origem metálica, não podem ser utilizados nem considerados como condutores.

Pela teoria física dos materiais sabemos **que a corrente elétrica nada mais é do que um deslocamento de cargas com polaridade própria, sobretudo de elétrons e de íons**. Esse deslocamento de cargas se dá em virtude da aplicação de energia externa de origens diferentes, tais como **elétrica** (diferença de potencial), **térmica, magnética, luminosa** etc., que fazem com que as partículas elementares que compõe o átomo **elevem o seu nível de energia**. Com essa elevação, a tendência de cada um é ocupar, na estrutura molecular própria, a posição correspondente. Isso, para o caso de um simples átomo, significa a elevação do nível dos elétrons que rodeiam o núcleo, fazendo com que tendam a ocupar uma **posição cada vez mais afastada deste**. Nessa mudança de posição, e dependendo da quantidade de energia incidente, os elétrons se afastam do átomo, abandonando-o, **transformando-o num íon** e fazendo com que o elétron ou **os elétrons se desloquem dentro do corpo** excitado sob a ação do agente externo atuante. O pensamento exposto satisfaz a explicação de uma série de fenômenos, porém não de todos, como por exemplo o da elevação da resistividade com a temperatura; nesse caso, há necessidade de completar o estudo com a teoria quântica, que nos permite o entendimento desses fenômenos. A mecânica citada explica o comportamento condutor dos metais e que são, por isso, também **chamados** *condutores eletrônicos* (de elétrons) ou *de primeira classe,* e são os que apresentam a menor resistividade elétrica. Os eletrólitos, sobretudo em solução, são classificados como condutores de *segunda classe,* dando-se, nos mesmos, a condução por meio de íons. Materiais cristalinos em estado de fusão, com estrutura iônica, são igualmente condutores de segunda classe.

Tipos de materiais e suas estruturas cristalinas

Definem-se os metais **como sólidos cristalinos formados por uma disposição regular de seus átomos.**

Os metais são classificados em quatro tipos distintos, a saber:
- **alcalinos**, como lítio, sódio e potássio;
- **nobres**, como cobre, prata, ouro e platina;
- **bivalentes**, como berílio, estrôncio, cálcio e bário;
- **de transição**, como ferro, níquel, cobalto e tungstênio.

As estruturas cristalinas dos metais obedecem a disposições várias, dentre as quais poderemos destacar as seguintes:
- cúbica de elemento central;
- cúbica de face central;
- hexagonal fechada.

Os metais cuja estrutura obedece a disposição cúbica de elemento central são os do tipo alcalino, enquanto os nobres são do sistema cúbico de face central. Outros apresentam seu sistema cristalino ora pertencendo ao primeiro, ora ao segundo dos grupos supramencionados, tais como o ferro, o cobalto, e o manganês, de acordo com a temperatura que incide sobre os metais. **Os três sistemas mencionados já foram indicados nas Figuras 3.3, 3.4 e 3.5.**

As propriedades de materiais sólidos cristalinos são uma consequência da disposição dos átomos na estrutura. Como, em função de eixos diversos, as disposições dos átomos são diferentes, também se distinguirão as propriedades físicas.

De um lado, maiores concentrações de átomos, fazem com que elétrons da órbita de um átomo interfiram em um ou mais de um átomo, fazendo-se notar por uma força de repulsão que aumenta rapidamente com o aumento de camadas de elétrons que sofrem a interferência.

De outro lado, elétrons de um átomo ficam sob a ação da força de atração do núcleo de outro átomo. Quando ambas as forças, a de atração e a de repulsão, forem iguais, estabelecer-se-á o equilíbrio na estrutura do cristal.

A condutividade metálica

A conceituação da **circulação da corrente elétrica** tem sofrido algumas modificações sensíveis pelas diversas teorias que têm sido desenvolvidas. **Assim, pela teoria eletrônica clássica, supõe-se que o corpo condutor sólido tenha uma cadeia cristalina iônica, e, envolvendo os íons, uma nuvem de elétrons livres.**

Esses elétrons livres são provenientes dos átomos da matéria, e deslocados destes pela ação de uma força externa. No deslocamento dessa nuvem de elétrons através do corpo, estes se chocam com os íons do sistema cristalino, perdendo energia de deslocamento, e que se faz notar por um **aquecimento do corpo**. A equação que relaciona essa transformação de energia é a chamada **lei de Joule-Lenz**, dada por

$$W = \gamma \cdot E^2 \tag{1}$$

onde $W=$ quantidade de energia transmitida pela nuvem de elétrons por unidade de tempo;

E = campo elétrico aplicado;

γ = condutividade elétrica.

Por outro lado, relacionando **a densidade de corrente com a resistividade e o campo elétrico, tem-se**

$$i = \gamma \cdot E \tag{2}$$

onde

i = densidade de corrente elétrica.

Mais duas grandezas estão intimamente relacionadas, que são as **condutividades elétrica e térmica**. Lembrando que partes mais quentes de um corpo assim se encontram por terem absorvido maior **quantidade de energia** do que outras, e, estando dotadas de maior quantidade de energia, trocam-na com partes adjacentes de menor energia; tem-se uma **rápida transferência** de calor entre dois pontos quaisquer do sólido quando o deslocamento interno de partículas é facilitado. Tal característica é particular dos **materiais condutores**, razão por que, via de regra, os materiais bons **condutores elétricos** o são também no sentido **térmico**. A existência de uma nuvem de elétrons, conforme mencionamos nas linhas anteriores, pode ser constatada pelos fatos enumerados a seguir.

1) Durante **a passagem de uma corrente elétrica** por um elemento condutor metálico não se pode observar uma difusão de átomos de um metal no outro.

2) Levando-se um elemento que conduz corrente elétrica a **velocidades elevadas** e freando-se instantaneamente o condutor, nota-se uma maior **concentração** de elétrons numa das **extremidades**, motivadas **pela energia dos elétrons** que compõe a nuvem.

3) Um elemento condutor, **colocado num campo magnético** transversal, cria **uma f.e.m.** também no sentido transversal, que pode ser medido por meio de um instrumento sensível. É o Efeito Hall.

4) Quando um metal sofre **aquecimento**, este atua sobre os elétrons que formam a nuvem, podendo alguns desses, em função da energia térmica incidente, **até abandonar o elemento condutor**.

Entretanto, nem sempre o comportamento do condutor pode ser explicado por essas bases físicas, como, por exemplo, **a curva resistência-temperatura**. O valor prático obtido **é menor** do que o valor teórico esperado, pela análise das massas em jogo, como se a nuvem de elétrons não absorvesse calor. Outras teorias estabelecidas, entretanto, permitem obter resultados mais precisos nesse particular, como é o caso da mecânica quântica. Não nos cabe aqui analisar a teoria quântica em si; nossa preocupação é antes a explicação dos fenômenos de condutividade de modo mais simples, sem com isso prejudicar a exatidão das teorias estabelecidas.

Lembrando que cada partícula com carga elétrica possui o seu nível próprio de energia, e assim também os elétrons, e relacionando estes níveis com o estado físico do corpo, temos nos gasosos os níveis mais baixos, e nos sólidos, os níveis mais elevados, com valores intermediários para os líquidos. Além disso, cada elétron possui o seu nível de energia próprio e que define o seu comportamento no âmbito dos demais elétrons. Nos gases, a nuvem de elétrons é pouco densa, de modo que o nível de cada partícula está perfeitamente definido e separado dos demais. Forma-se ainda, por essa razão, entre os diferentes níveis uma camada não condutora, chamada **de camada proibida ou zona proibida**, e que precisa ser vencida para que haja condutividade de cargas. Já o mesmo não acontece nos metais, em que o grande número de elétrons na nuvem faz com que haja uma sobreposição de níveis entre os elétrons adjacentes, o que facilita o deslocamento dos elétrons e, consequentemente, a circulação da corrente elétrica.

Expressando esse comportamento em termos **de resistência**, temos nos metais **uma menor resistência** oferecida ao deslocamento dos elétrons do que nos gases e, por isso, a sua resistividade transversal é **menor**. Valores intermediários são encontrados **nos líquidos**, dependendo da natureza destes apresentarem características que se aproximem mais dos sólidos condutores ou dos gases isolantes.

A resistência oferecida ao deslocamento de elétrons nos sólidos é ainda função **da disposição geométrica** do corpo no qual o mesmo se dará. Assim, o deslocamento será mais fácil se a estrutura cristalina for **regular**, como nos sistemas **cristalinos puros**; entretanto, quando a estrutura **for heterogênea**, sobretudo devido **a impurezas**, a perda de energia elétrica que se transforma em térmica **será maior**. Além disso, como a incidência de energias externas eleva o nível de energia dos elétrons e estes vibram em consequência na sua posição, dificultando a passagem de elétrons, teremos ainda a menor resistência quando a energia incidente de origem térmica for **a menor**, o que ocorre a zero grau absoluto. É o estado **de supercondutividade**.

Ainda quanto ao seu **comportamento térmico**, lembramos que, conforme mencionamos anteriormente, a Física Clássica divergia nos seus resultados **de condutividade** térmica dos valores reais obtidos. A teoria quântica, sobre esse detalhe, observa que a nuvem de elétrons se comporta como um gás anormal, pois a energia própria de um tal gás independente da temperatura. Essa é a razão pela qual os valores práticos diferem dos teóricos obtidos pela Física Clássica, uma vez que a nuvem de elétrons apenas se comporta como um gás normal acima de 1 000 graus absolutos. **As Figuras 4.1 e 4.2 mostram o deslocamento de elétrons**.

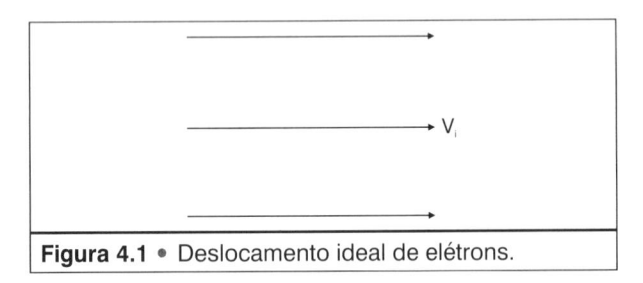

Figura 4.1 • Deslocamento ideal de elétrons.

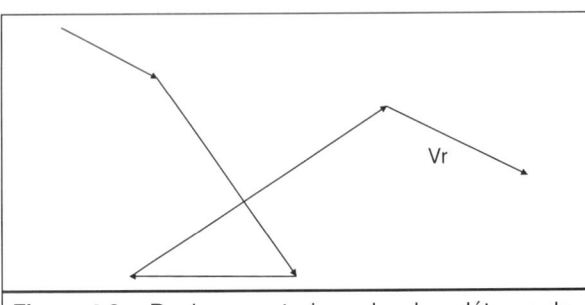

Figura 4.2 • Deslocamento irregular dos elétrons devido a colisões com outras partículas.

Capítulo 5

Características principais dos materiais condutores

Os materiais condutores são caracterizados por diversas grandezas, dentre as quais se destacam: **condutividade ou resistividade elétricas, coeficientes de temperatura, condutividade térmica, potencial de contato e força termoelétrica, comportamento mecânico.**

Essas grandezas são sobretudo importantes na escolha adequada dos materiais, uma vez que das mesmas vai depender se estes são capazes de desempenhar as funções que lhes são atribuídas. Por essa razão, serão alvo de estudo nos itens seguintes, verificando-se sobretudo quais os fatores que determinam esse comportamento.

1 • CONDUTIVIDADE OU RESISTIVIDADE ELÉTRICAS

$$\rho = \frac{R \cdot A}{l} \frac{\left(\Omega . mm^2\right)}{m} \text{ ou } (\Omega.\text{cm}) \tag{3}$$

onde:

ρ = resistividade elétrica do material (Ω.cm);

R = resistência elétrica (em Ω);

A = seção transversal (em cm^2);

l = comprimento do corpo condutor (em cm).

Fazendo-se um estudo dos fatores que determinam a resistência, estabeleceu-se **pela lei de Ohm** que

$$R = \frac{U}{I}. \tag{4}$$

Por outro lado, sendo N o número de elétrons livres por unidade de volume de material, os quais se deslocam a uma velocidade v_d através de uma seção A, e sendo *e* a carga de um elétron, a corrente elétrica será

$$I = N \cdot e \cdot v_d \cdot A \tag{5}$$

Se, por outro lado, um condutor de comprimento l está sob a ação de uma diferença de potencial U, a intensidade de campo elétrico E será

$$E = \frac{U}{l}, \tag{6}$$

além disso,

$$v_d = \mu \cdot E,$$

ou

$$v_d = \mu \cdot \frac{U}{l}, \tag{7}$$

onde
μ = mobilidade do elétron.

Substituindo em (7) o valor de (5), teremos

$$I = N \cdot e \cdot \mu \cdot \frac{U}{l} \cdot A \tag{8}$$

e, usando a Equação (4), teremos

$$\frac{U}{R} = N \cdot e \cdot \mu \cdot \frac{U}{l} \cdot A, \tag{9}$$

donde, simplificando e tirando-se o valor de R,

$$R = \frac{1}{N \cdot e \cdot \mu} \cdot \frac{l}{A}. \tag{10}$$

O quociente $\dfrac{1}{N \cdot e \cdot \mu}$ é denominado *de resistividade*, ρ:

$$\rho = \frac{1}{N \cdot e \cdot \mu}, \tag{11}$$

e $R = \dfrac{\rho \cdot l}{A}$, de acordo com a Equação (11).

A Figura 5.1 representa os elementos envolvidos na presente discussão.

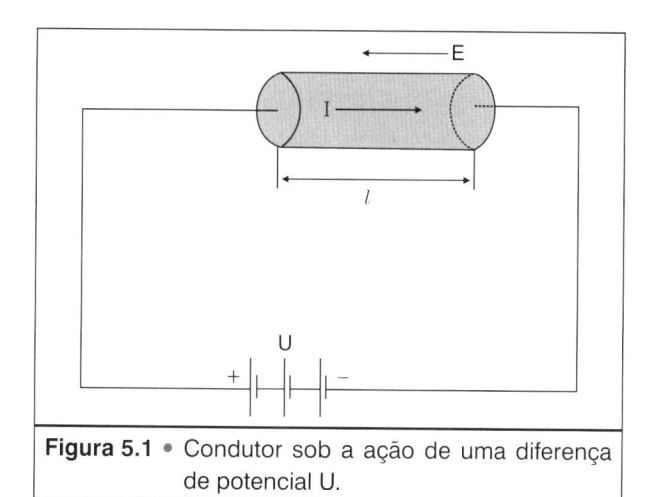

Figura 5.1 • Condutor sob a ação de uma diferença de potencial U.

2 • COEFICIENTE DE TEMPERATURA E CONDUTIVIDADE TÉRMICA

A resistência elétrica, correlacionando correntes que circulam sob um potencial aplicado, serve indiretamente de medida **da quantidade de energia absorvida** por imperfeições cristalinas e outros fatores. Como a zero grau absoluto a estrutura é perfeitamente simétrica sem que seus átomos vibrem, **a resistência é teoricamente igual a zero**, e, praticamente, possuindo o menor valor que pode adquirir.

Aumentando-se lentamente a temperatura, as partículas vibram, interferindo nos movimentos dos elétrons. Uma tal influência causa perdas nos deslocamentos dos elétrons e, consequentemente, aquecimento do corpo condutor. Traçando-se a curva característica temperatura x resistência, indicada na Figura 5.3, nota-se que ela não obedece em toda sua extensão a uma relação constante entre ordenadas e abscissas.

De interesse prático é o **setor reto da característica**, cujo declive é da ordem de 5:1. Após esse trecho, a curva se horizontaliza.

Destaquemos, para melhor estudo, o trecho AB da curva, que é de maior **importância prática**. Esse trecho, apresentado na Figura 5.3 tem sua inclinação dada por

$$tg\ \alpha = \frac{\Delta R}{\Delta T}. \tag{12}$$

Designados os pontos limites por R_1, R_2, T_1 e T_2, teremos

$$tg\ \alpha = \frac{R_2 - R_1}{T_2 - T_1}. \tag{13}$$

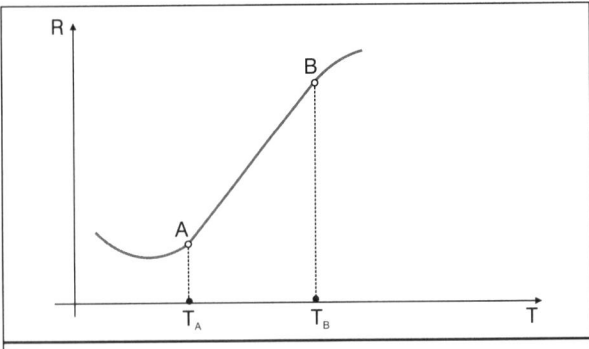

Figura 5.2 • Representação da variação de resistência R em função da temperatura T.

A relação tg α/R é o chamado *coeficiente de temperatura da resistência* e indicado por α_{T_1}:

$$\alpha_{T_1} = \frac{tg\alpha}{R_1} = \frac{R_2 - R_1}{T_2 - T_1} \cdot \frac{1}{R_1} = \frac{(R_2 - R_1)}{R_1}\left(\frac{1}{T_2 - T_1}\right). \tag{14}$$

Normalmente a temperatura inicial, que serve de referência, é tomada como $T_1 = 20\ °C$ ou $25\ °C$.

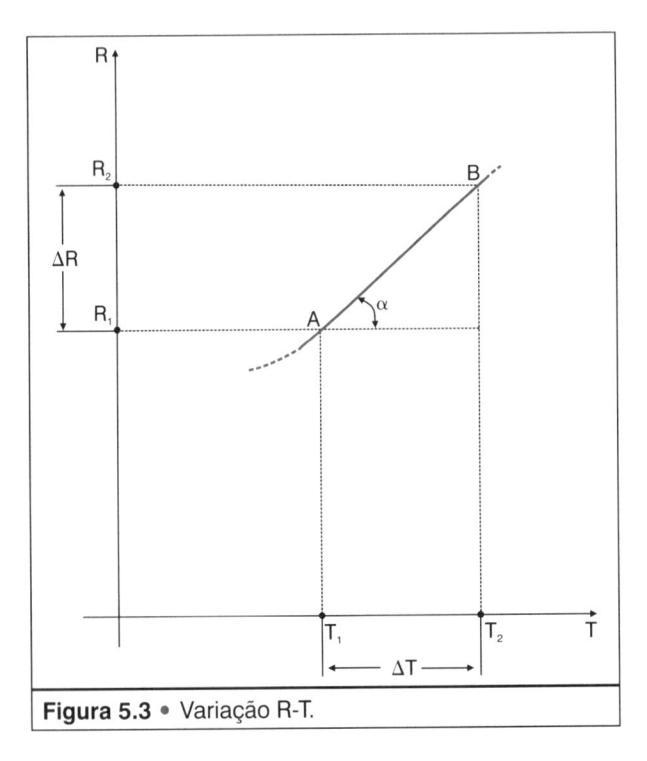

Figura 5.3 • Variação R-T.

Nesse caso,

$$\alpha_{T_1} = \alpha_{20}$$

$$R_{T2} = R_{20}\left[1 + \alpha_{20}\left(T_2 - 20\right)\right]$$

(15)

A Tabela 5.1 indica valores característicos de α_{20}. Devemos observar que o valor de α_{T_1}, depende da escolha inicial da temperatura de referência. Metais puros têm uma estrutura cristalina perfeita, o **que reduz a sua resistividade**, pelos motivos já expostos. Observe-se, porém, que impurezas, mesmo em quantidades mínimas, alteram a perfeição da estrutura, elevando consequentemente a resistividade do corpo.

Tabela 5.1 • Valores de resistividade e coeficiente de temperatura.		
Nome do metal	**Resistividade** ρ $\Omega.mm^2/m$	**Coeficiente de temperatura** α_{20}
Ouro	0,0240	0,0037
Prata	0,0162	0,0036
Cobre	0,0169	0,004
Alumínio	0,0262	0,0042
Níquel	0,072	0,006
Zinco	0,059	0,0036
Mercúrio	0,96	0,0009
Chumbo	0,205	0,0041
Ferro	0,098	0,0057
Platina	0,100	0,003
Tungstênio	0,055	0,0052
Molibdênio	0,0477	0,0048
Estanho	0,114	0,0043

Um aumento de resistividade ocorre também quando se realiza a liga de dois metais. Assim, dois metais, de determinados valores próprios de resistividade, quando formam uma liga, apresentam geralmente uma resistividade maior que a dos seus componentes. Tal fato é devido às alterações na disposição cristalina do produto resultante, cuja irregularidade dificulta a passagem dos elétrons.

A Figura 5.4 representa a variação de características em função da composição porcentual da liga de dois metais.

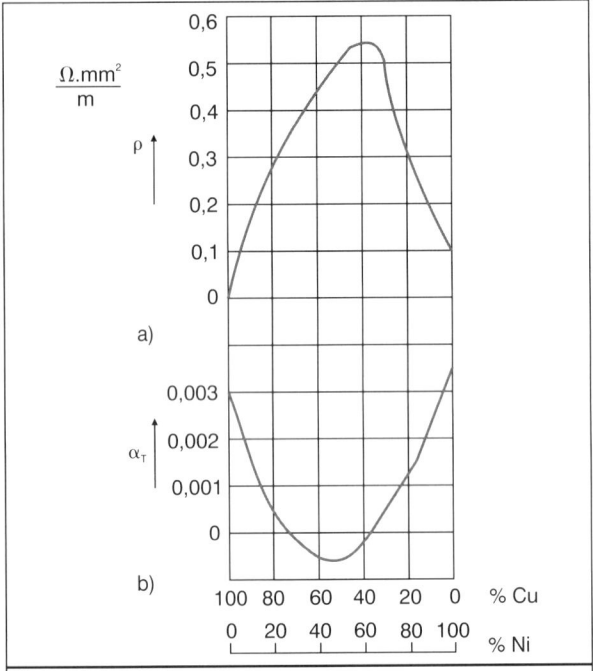

Figura 5.4 • Variação da resistividade e do coeficiente de temperatura, em função da composição Ni – Cu.

A atuação de forças mecânicas leva também a deformações cristalinas e às consequentes alterações na resistividade, tais como, a estampagem, as laminações a frio etc. Esses **efeitos alteram** ainda as características mecânicas do material, podendo ser eliminados mediante **um tratamento térmico** posterior.

A resistividade sofre uma alteração brusca no seu valor quando o metal alcança seu ponto de fusão. A essa regra, apenas três metais **fazem exceção**: o antimônio, o gálio e o bismuto.

3 • A CONDUTIVIDADE TÉRMICA DE METAIS E SUAS LIGAS

Sendo a fonte das perdas de energia o condutor pelo qual circula a corrente elétrica, e se essas perdas, que são impossíveis de serem evitadas, geram calor, deve este ser liberado ao ambiente o mais depressa possível, para evitar que **a energia térmica** altere as condições do material. Compreende-se, assim, desde já, que o estudo do comportamento térmico do material empregado, seja condutor ou isolante, **é de importância elevada**, para se ter certeza de que, **nas condições de serviço previstas**, o equipamento não sofrerá danos.

Por estas razões práticas, serão feitas, a seguir, algumas considerações sobre o assunto. **A resistência térmica** é dada pela equação

$$R_T = \rho_T \cdot \frac{h}{A},$$ (16)

onde ρ_T é a resistência térmica específica e h, a unidade linear. Para materiais puros, o valor de ρ_T é bastante baixo, **elevando-se** este para as ligas metálicas. Os valores de ρ_T em $1/\Omega.cm$, para metais puros, são dados na **Tabela 5.2**.

Tendo-se, nos capítulos precedentes, abordado a **condutividade elétrica**, pode-se observar a já referida analogia entre esta e a condutividade térmica.

Tabela 5.2 • Características de metais condutores.	
Material	**Resistividade térmica** $\rho_T \left(\dfrac{1}{\Omega.cm} \right)$
Cobre	0,24
Alumínio	0,40
Zinco	0,90
Estanho	1,55
Chumbo	3,00

	Matéria	**Símbolo Químico**	**Potencial em U a 25 °C**
Matérias menos nobres	Magnésio	Mg	−2,34
	Alumínio	Al	−1,33
	Zinco	Zn	−0,76
	Cromo	Cr	−0,51
	Ferro	Fe	−0,44
	Cádmio	Cd	−0,40
	Cobalto	Co	−0,28
	Níquel	Ni	−0,23
Matérias mais nobres	Estanho	Sn	−0,16
	Chumbo	Pb	−0,12
	Hidrogênio	H	0,00
	Cobre	Cu	+0,34
	Prata	Ag	+0,79
	Mercúrio	Hg	+0,35
	Ouro	Au	+1,36
	Platina	Pt	+1,60

4 • TENSÃO DE CONTATO E FORÇA TERMOELÉTRICA NOS METAIS

Dois metais diferentes em contato criam uma diferença de potencial entre suas superfícies. Origina-se a diferença de potencial entre os metais, devido às

diferenças entre as nuvens de elétrons presentes num e noutro, originando condições **de pressão interna também diferente**. A tensão de contato entre dois metais, que designaremos genericamente por *A* e *B*, é dada pela Equação (17).

Seu valor varia, de acordo com os metais em contato, de 1/10 até alguns volts. Em um circuito fechado de dois metais, a soma do potencial de contato, estando ambos os pontos de contato à mesma temperatura, é igual a zero.

O caso se torna diferente se as temperaturas não são iguais. Chamando essas T_1 e T_2, a tensão de contato entre dois metais, designados genericamente por *A* e *B*, será

$$U = U_{AB} + U_{BA} = U_B - U_A + \frac{K^K T_{1l}}{e} \quad ln\frac{\eta_{OA}}{\eta_{OB}} + U_A + U_B + \frac{KT_2}{e} \, ln\frac{\eta_{OB}}{\eta_{OA}}$$

ou

$$U = \frac{K}{e}\left(T_1 - T_2\right) ln \frac{\eta_{OA}}{\eta_{OB}} = A\left(T_1 - T_2\right), \tag{17}$$

onde

K – constante de Boltzmann;

T = temperatura em graus absolutos;

e = carga de um elétron;

η_0 = número de elétrons livres por unidade de volume do material.

Portanto, prova-se que *U* é uma função de T_1 e T_2. **A aplicação prática desse fenômeno, é encontrado nos pares termoelétricos.**

5 • O EFEITO HALL

O cálculo de resistividade de materiais a partir da equação

$$\rho = \frac{1}{N \cdot e \cdot \mu},$$

obtida anteriormente, exige o conhecimento da densidade e da mobilidade dos elétrons livres. Sua determinação pode ser feita mediante um corpo de prova, como o representado na Figura 5.5. Consiste em se tomar um condutor pelo qual circula uma corrente *I*, aplicando-lhe sobre o lado de maior comprimento um campo magnético uniforme de densidade *B*. **Dessa forma, o deslocamento de elétrons se dá perpendicularmente ao campo magnético. Isso cria uma força entre os elétrons e o campo, dada por**

$$F_m = -e \cdot v \cdot B, \tag{18}$$

onde

v = velocidade dos elétrons;

B = densidade do fluxo magnético;

e = carga unitária dos elétrons.

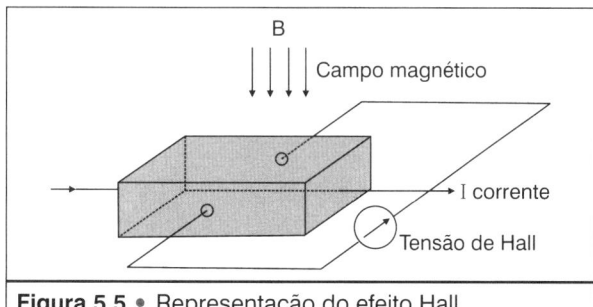

Figura 5.5 • Representação do efeito Hall.

A força resultante, dirigida para baixo, comprime os elétrons sobre a face maior do condutor, dando origem a uma diferença de potencial e um campo elétrico E. **Tal efeito é conhecido por efeito Hall.** A força eletrostática que atua sobre os elétrons é dada por

$$F_e = e \cdot E_H. \tag{19}$$

Em condições de equilíbrio, a força eletrostática é exatamente igual à força magnética. Portanto,

$$F_m = F_e \tag{20}$$

e

$$-e \cdot v \cdot B = e \cdot E_H \tag{21}$$

Lembrando ainda que

$$I = N \cdot e \cdot v \cdot A,$$

a densidade de corrente J será

$$J = \frac{I}{A} = N \cdot e \cdot v, \tag{22}$$

ou

$$e \cdot v = \frac{J}{N},$$

lembrando as Equações (21) e (22), teremos

$$-e \cdot v \cdot B = e \cdot E_H,$$

$$\frac{J}{N} B = -e \cdot E_H,$$

resultando, finalmente,

$$\frac{1}{Ne} = -\frac{E_H}{B \cdot J}, \tag{23}$$

chamando $R = -1/Ne$ = coeficiente de Hall (23), temos

$$R = -\frac{E_H}{JB}. \tag{24}$$

A Equação (24) é básica para medidas experimentais do coeficiente de Hall. Conhecendo R pela Equação (24), pode-se calcular N. Lembrando que

$$\rho = \frac{1}{N \cdot e \cdot \mu} \quad e \quad \mu = \frac{1}{N \cdot e \cdot \rho},$$

de (23), teremos

$$\mu = -\frac{R}{\rho},$$

determinando-se a mobilidade do elétron μ.

Capítulo 6

Estudo específico de materiais condutores

Os materiais empregados como elementos condutores de corrente elétrica se classificam em dois grandes grupos: **materiais de elevada condutividade e materiais de elevada resistividade**.

Destinam-se os primeiros a todas as aplicações em que **a corrente elétrica deve circular com as menores perdas** possíveis, que é o caso de todos os elementos de ligação entre aparelhos, dispositivos etc., ou o de elementos que devem dar origem a uma segunda forma de energia por transformação da elétrica, como é o caso das bobinas eletromagnéticas. Os materiais do segundo grupo destinam-se, por um lado, **à transformação de energia elétrica em térmica**, como no caso dos fornos elétricos, e, por outro lado, para criar no circuito certas condições destinadas a **provocar quedas de tensão**, para se obter **um ajuste** às condições mais adequadas ao sistema, ou ainda, pelo valor da sua **resistência**, para desviar convenientemente a corrente. Os dois últimos casos seriam representados pelos **resistores**, que, dependendo da maneira como se ligam ao circuito, são elementos destinados à queda de tensão ou ao desvio de corrente.

1 • MATERIAIS CONDUTORES COM ELEVADA CONDUTIVIDADE ELÉTRICA

Os principais materiais de elevada condutividade elétrica são **os metais nobres**, acrescidos de mais alguns de outros grupos e de **suas ligas**. É importante observar que os materiais empregados para fins elétricos apenas raramente podem ser escolhidos levando-se em consideração somente o seu comportamento elétrico. Todos os materiais elétricos, como regra geral, sofrem simultaneamente uma série de outros efeitos, tais como mecânicos, térmicos, luminosos, magnéticos etc., sob os quais o material em **si não pode ter**, pelo menos sensivelmente, **prejudicadas as suas propriedades iniciais**. Por essas razões, a escolha do material condutor mais adequado nem sempre recai naquele de características elétricas mais vantajosas, mas sim num outro metal ou numa liga, que, apesar de eletricamente menos vantajoso, satisfaz as demais condições de utilização.

Pelas razões expostas, são muito frequentes em eletrotécnica e eletrônica o emprego de ligas metálicas. Os metais de condutividade elétrica mais elevada e que possam ser utilizados também sob o ponto de vista econômico são:

cobre	chumbo
alumínio	platina
prata	mercúrio

e, em alguns casos, o ferro, cujas características e ligas mais importantes serão abordadas em seguida.

No presente capítulo, nos propomos a tecer alguns comentários sobre os metais de uso mais frequente, recomendando-se acompanhar a análise com a Tabela 6.1 de características do cobre. Isso porque, em última análise, o uso é sempre justificado pelas propriedades que o material apresenta, e o seu conhecimento levará também a concluir sobre a conveniência de sua substituição por outro.

O cobre (Cu) e suas ligas

O cobre apresenta as vantagens a seguir, que lhe garantem posição de destaque entre os metais condutores.

a) **Pequena resistividade**. Somente a prata tem valor inferior, porém o seu elevado preço não permite o seu uso em quantidades grandes.

b) **Características mecânicas favoráveis.**

c) **Baixa oxidação para a maioria das aplicações**. O cobre oxida bem mais lentamente, perante elevada umidade, do que diversos outros metais; essa oxidação, entretanto, é bastante rápida quando o metal sofre elevação de temperatura.

d) **Fácil deformação a frio e a quente**. É relativamente fácil reduzir a seção transversal do cobre, mesmo para fios com frações de milímetros de diâmetro.

O cobre tem cor avermelhada característica, o que o distingue de outros metais, que, com exceção do ouro, são geralmente cinzentos, com diversas tonalidades.

O valor da condutividade informa **sobre o grau de pureza** do cobre. A máxima pureza é encontrada no cobre obtido em ambiente sem oxigênio, quando alcança 61 m/Ω.mm^2, comparável com o valor do cobre eletrolítico, cujo valor é de 58 m/Ω.mm^2, e é o normalmente usado em escala industrial. O seu grau de pureza, nesse caso, é de 99,9%.

Destaque-se que a **condutividade elétrica** do cobre é muito influenciada na presença **de impurezas**, mesmo em pequenas quantidades. Essa influência é tanto maior quanto mais distribuída estiver a impureza na massa do cobre, pois sua presença reduz acentuadamente a mobilidade dos elétrons. **Maior influência nesse sentido apresentam os metais P, As, Al, Fe, Sb e Sn**. Como regra geral, a influência será tanto maior quanto mais afastado o elemento acrescido estiver do cobre na Tabela Periódica dos Elementos. Essa é a razão também por que **o ouro e a prata** não influem muito.

O **cobre resiste bem** à ação da água, de fumaças, sulfatos, carbonatos, **sendo atacado** pelo oxigênio do ar e, em presença deste, ácidos, sais e amoníaco podem corroer o cobre. Um carbonato de cobre é especialmente importante na proteção do cobre perante as condições do ambiente, conhecido pelo nome **de** *pátina*, mencionada em particular na análise das condições de contato elétrico e de desgaste entre coletor (ou comutador) de máquinas girantes e as escovas de carvão. Quando aquecido em presença do ar, à temperatura acima de 120 °C, o cobre oxida, formando uma camada escura. O cobre permite **fácil soldagem**, o que por muito tempo representou fator importante no seu uso industrial, quando da pretensão de se usar o alumínio ao invés do cobre. Atualmente, também o alumínio não apresenta mais problemas dessa natureza. A remoção do óxido de cobre pode ser feita quimicamente pela aplicação de ácidos, em que se destaca **o clorofórmio**, que apresenta algumas vantagens sobre a mistura de cloreto de zinco e do amoníaco. O clorofórmio não necessita limpeza tão cuidadosa após sua aplicação, a fim de evitar-se corrosão posterior.

O **cobre em estado de fusão** é geralmente bastante espesso, o **que dificulta** o seu uso, além da tendência de absorver gases e de oxidar rapidamente. O óxido assim formado, em contato com o ar, se não removido cuidadosamente, **mistura-se** com a massa de cobre metálico. Uma vez que o óxido de cobre tem uma resistividade elevada, sua presença na **massa prejudica** o cobre elétrica e mecanicamente. Devido a absorção dos gases, resulta facilmente um **cobre poroso**. A oxidação mencionada **pode ser reduzida** mediante o acréscimo de pequenas quantidades de **metais desoxidantes**, que são Si, Al, P, Mg e Be. É importante destacar, porém, que, sejam os óxidos, sejam outros metais puros, já pequenas porcentagens, da ordem **de 0,5%**, influem sensivelmente **nas propriedades elétricas e mecânicas** do cobre. O metal se torna menos condutor e mais duro. Na presença de 3,5% de Cu_2O, obtém-se o eutético do cobre, com ponto de fusão a 1 064 °C. O Cu_2O pode ser eliminado em ambiente de hidrogênio e perante elevação de temperatura pela reação

$$Cu_2O + H_2 \rightarrow 2Cu + H_2O.$$

O vapor de água assim formado leva em geral à formação de fissuras no cobre, o que faz com que se deva evitar que este tratamento térmico, que é um *recozimento*, se processe perante chama aberta. Também na soldagem, esse aspecto precisa ser levado em consideração, quando então, no ponto de solda, se recomenda envolver o local com **um fluxo neutralizador**.

Conforme mencionado, o cobre é obtido em forma eletrolítica, fundido e transformado em lingotes com um peso de 80 a 100 kg cada. Na transformação subsequente aos perfis e peças desejadas, quando não se usa a fusão e sim uma transformação mecânica por laminação e estiramento, efetua-se primeiramente um aquecimento **do lingote** para facilitar a transformação bruta, até temperaturas **de** 920-980 °C. Durante essa fase ocorre uma oxidação acentuada, que leva à necessidade de uma **decapagem** do **cobre antes** de iniciar a transformação a frio. Crítica é a faixa de temperaturas entre 300 e 600 °C, onde o cobre se **torna quebradiço**. A decapagem pode ser feita, por exemplo, colocando o cobre imerso numa solução de ácidos e sulfatos, e, logo depois, é feita a lavagem com água limpa.

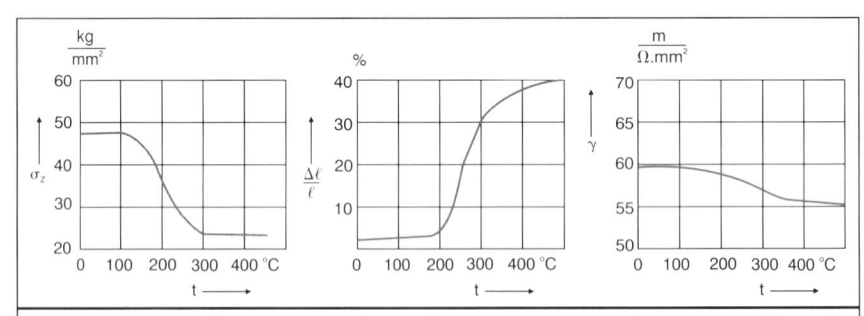

Figura 6.1 • Variação da resistência à tração σ_t, do coeficiente de dilatação $\frac{\Delta\ell}{\ell}$ e da condutividade γ para o cobre até atingir a temperatura de rubro.

Na laminação a frio, o cobre se torna mais **duro e elástico, e reduz** sua **condutividade**. É o estado de *cobre encruado*. Essa modificação de características pode representar um empecilho ao uso do metal, e, nesse caso, se faz o seu *recozimento* a uma temperatura de 500-560 °C. Cabe observar que durante esse processo de recozimento, pode ocorrer uma recristalização do cobre, que dá origem a um metal de "grão" muito grande, prejudicando o seu emprego. O cobre encruado, porém, tem também algumas aplicações diretas, em que certos condutores de cobre precisam apresentar determinadas **características mecânicas** para permitir seu uso. É o caso dos fios trolei, usados em tração elétrica, que ficam permanentemente sob a ação de esforços de tração, que não seriam suportados sem deformação por um cobre recozido. Ainda, casos há em que o "efeito de mola" que o cobre encruado apresenta também levam ao seu uso, ou no caso de fios telefônicos (ou de fio *drop*).

A maior parte das aplicações, porém, são encontradas na área do cobre recozido (ou mole), havendo casos em que se dá preferência a um cobre que não sofra recozimento total, que são os casos de "meio duro" ou "meio mole". Nesses casos, a característica mecânica é menos importante, prevalecendo a maior condutividade obtida através **do recozimento parcial**.

Observe-se que o recozimento influi bem mais nas características mecânicas do que nas elétricas.

Aplicações do cobre

Em função dessas propriedades, o cobre nas suas diversas formas *puras* tem determinadas suas aplicações. O cobre **encruado ou duro** é usado nos casos em que se exige elevada dureza, resistência à tração e pequeno desgaste, como no caso de redes aéreas de cabo nu em tração elétrica, particularmente, para fios telefônicos, para peças de contato, para anéis coletores e coletores de lâminas (ou lamelas). Em todos os demais casos, principalmente em enrolamentos, barramentos e cabos isolados, se usa **o cobre mole ou recozido**. Casos intermediários precisam ser devidamente especificados. Em muitos casos, porém, o cobre **não** pode ser usado na forma pura, quando então **as *ligas de cobre*** passam a ser utilizadas. Essas ligas são feitas com metais escolhidos de modo **a compensar ou melhorar** alguma das propriedades do cobre, cabendo destacar porém, que, geralmente, assim procedendo, estamos **prejudicando outras propriedades**.

Numa grande parte dos casos, as características mecânicas (ver Figura 6.1) e as de oxidação dificultam certos empregos, quando então se lança mão de metais mais duros e de menor oxidação. Esses metais, entretanto, como o **níquel, por exemplo**, são bem menos condutores eletricamente, o que pode apresentar, e geralmente tem apresentado, restrições elétricas, a menos que a seção transversal seja recalculada, para não **elevar as perdas** ($P_J = I^2R$).

A Figura 6.2 demonstra, em função das porcentagens dos metais acrescentados, qual a influência na resistência à tração, uma vez no estado recozido (A) e depois no encruado (B).

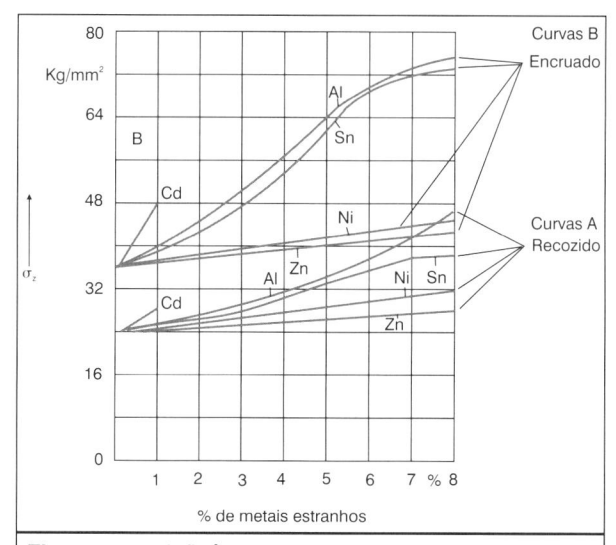

Figura 6.2 • Influência da presença de metais estranhos sobre a resistência à tração de ligas de cobre. Curvas A, no estado recozido; Curvas B, no estado encruado.

As principais ligas de cobre são as indicadas na Tabela 6.1.

Aplicação das ligas

Bronze: característica – resistentes ao desgaste por atrito, fácil usinagem, são elásticas.

Usos: para rolamentos, partes de máquinas, engrenagens, trilhos de contato, molas condutoras, fios finos, peças fundidas.

Tabela 6.1 • Características das ligas de cobre.

Liga	Tratamentos	Condutividade, em relação ao cobre (%)	Resistência à tração, em N/mm²	Alongamentos, (%)
Cu + Cd	recozido	95	até 3,10	50
(0,9 Cd)	encruado	83-90	até 7,30	4
Bronze	recozido	55-60	2,90	55
0,8 Cd + + 0,6 Sn Cu > 60%	encruado	50-55	até 7,30	4
Bronze	recozido	15-18	3,70	45
2,5 Al + 2 Sn	encruado	15-18	até 9,70	4
Bronze	recozido	10-15	4,00	60
fosforoso 7Sn+IP	encruado	10-15	10,50	3
Latão 30 Zn	recozido	25	3,20-3,50	60-70
Latão 30 Zn	encruado	25	até 8,80	5
Bronze BI 0,1% Mn, o resto Cu	–	82	5,00-5,20	–
BII 0,8 Mn ou 1%Sn + + 1 Cd	–	60	5,60-5,80	–
BIII 2,4% Sn ou 1,2 Sn + + 1,2 Zn	–	31	6,60-7,40	–

Alumínio e suas ligas

Alumínio (Al)

No global de suas propriedades, o alumínio é **o segundo metal mais usado na eletricidade**, havendo nos últimos anos uma preocupação permanente em substituir mais e mais as aplicações do cobre pelo alumínio, por motivos econômicos.

Alguns aspectos, que por si só são bastante significativos, são considerados a seguir.

a) **O preço internacional do cobre** tem sido, em média, bem mais elevado que o do **alumínio**, em torno de 2 a 3 vezes mais.

b) Mesmo efetuando-se as compensações no dimensionamento das partes condutoras em alumínio para se tornarem eletricamente equivalentes ao cobre, o peso de metal necessário fica reduzido **praticamente à metade**, o que reduz o custo de tais elementos envolvidos.

c) Em **termos brasileiros**, em particular, as jazidas de minérios do alumínio (bauxita) **são bem mais frequentes** do que os de minério de cobre. Segundo informações de entidades especializadas, nosso consumo de cobre ainda é superior a vinte vezes nossa produção, e os minérios de cobre já são bastante pobres: contém apenas 0,5% de cobre, enquanto a maioria do alumínio é produção nacional.

Esses aspectos levam a uma crescente preferência pelo alumínio, cujo maior problema é a sua fragilidade mecânica e sua rápida, porém não profunda, oxidação.

Para finalidades eletrotécnicas, usa-se o alumínio com um teor máximo de impurezas de 0,5%. Um alumínio ainda mais puro, usado nas folhas e eletrodos de capacitores, apresenta um grau de pureza de 99,95%. A laminação, extrusão e recozimento do Al são feitos de modo semelhante ao do cobre, nas suas respectivas temperaturas.

Como podemos observar, o alumínio é **inferior** ao cobre tanto elétrica quanto mecanicamente. Mantidos a seção e o comprimento constantes, a resistividade é aproximadamente 1,65 a 1,70 vezes **mais** elevada, o que leva à necessidade de ser efetuada uma **correção**, nos casos em que o cobre é substituído pelo alumínio, para atender à condição de não se ter uma elevação de temperatura devido às perdas. Entretanto, essa correção não é necessariamente igual ao valor de 1,65 a 1,70, pois outros fatores influem nessas condições, tais como a **condutividade térmica**, as temperaturas máximas admissíveis pelo metal no seu uso etc., são situações com valores numéricos bem diferentes, como se pode notar na tabela de características (**Tabela 6.1**).

Daí, para condutores, valem as relações expressas pelas Tabelas 6.2 e 6.3, cujos coeficientes são bastante importantes no uso diário.

Tabela 6.2 • Comparação entre dimensões externas de condutores de cobre e alumínio equivalentes.

Referências		Cobre	Alumínio
Para igual resistência ôhmica	Relação entre áreas*	1	1,61
	Relação entre diâmetros	1	1,27
	Relação entre pesos	1	0,48
Para igual ampacidade** e aumento de temperatura	Relação entre áreas	1	1,39
	Relação entre diâmetros	1	1,18
	Relação entre pesos	1	0,42
Para igual diâmetro	Relação entre resistências ôhmicas	1	1,61
	Relação entre ampacidades	1	0,78

* condutores redondos.

** ampacidade = capacidade de condução de corrente.

Valores de referência de condutividades

cobre: 58 m/Ω.mm² (56 a 61)

alumínio: 38 m/Ω.mm² (36 a 38)

$$k = \frac{58}{38} = 1,53$$

Por outro lado, mantidos constantes os **comprimentos** e **a resistência elétrica** de dois fios, um de cobre, outro de alumínio, observamos que, mesmo com elevação do diâmetro, o fio **de cobre** é aproximadamente **duas** vezes mais pesado que o de alumínio, o que é um dado importante na construção de torres de linhas de transmissão.

O uso do alumínio adquiriu, por essas razões, importância especial nas redes elétricas em aviões e na própria estrutura destes.

Façamos agora uma análise da influência **de impurezas** que podem estar acompanhando o minério **de alumínio**. Observando o que é representado na Figura 6.3, podemos notar que os que mais influem são o vanádio (Va), manganês (Mn) e o titânio (Ti).

Outro aspecto é o **comportamento oxidante**, já mencionado. O alumínio apresenta uma oxidação **extremamente rápida**, formando uma fina película de óxido de alumínio que tem a propriedade de evitar que a oxidação se amplie. Entretanto, esta película apresenta **uma resistividade elétrica elevada** com uma tensão de ruptura de 100 a 300 V, o que **dificulta** a soldagem do alumínio, que por essa razão exige pastas especiais.

Tabela 6.3 • Comparação de características físicas entre cobre e alumínio.

Característica física	Alumínio (duro)	Cobre (duro)	Padrão IACS*
Densidade a 20 °C (g/cm³)	2,70	8,89	8,89
Condutividade mínima percentual a 20 °C	61	97	100
Resistividade máxima a 20 °C (Ω.mm²/m)	0,0282	0,0177	0,0172
Relação entre os pesos de condutores de igual resistência em corrente contínua e igual comprimento	0,48	1,03	1,00
Coeficiente de variação da resistência por °C a 20 °C	0,0040	0,0038	0,0039
Calor específico (cal/g °C)	0,214	0,092	0,092
Condutividade térmica (cal/cm³.s. °C)	0,48	0,93	0,93
Módulo de elasticidade do fio sólido (N/mm²)	700	1 200	
Coeficiente de dilatação linear/°C	23×10^{-6}	17×10^{-6}	17×10^{-6}

• Padrão IACS: Padrão Internacional do cobre recozido, tomado como referência de 100% de condutividade.

• Nota: 1 caloria(cal) = 4,1868 joules (J), que é a unidade oficial do Sistema SI.

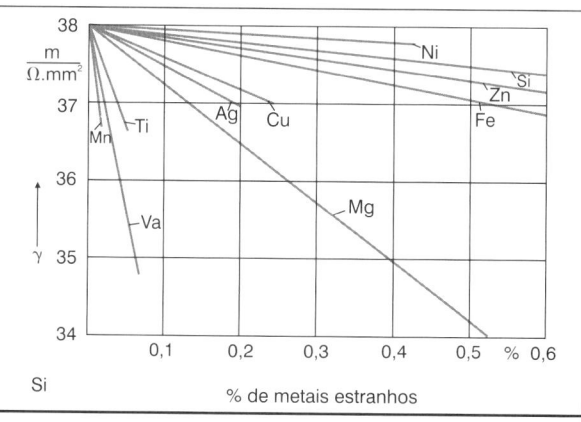

Figura 6.3 • Variação da condutividade elétrica γ, em função da presença de metais estranhos em alumínio recozido.

A **corrosão galvânica** é uma situação particular, própria entre metais afastados na série galvânica dos elementos. Devido ao grande afastamento e à consequente elevada **diferença de potencial** entre cobre e alumínio, essa corrosão se apresenta sempre que o contato entre Cu e Al ocorre num ambiente úmido, onde a umidade faz o papel de eletrólito, e os dois metais se constituem num elemento galvânico. A polaridade desse elemento é tal que a corrente se desloca do alumínio para o cobre, **corroendo, consequentemente,** o alumínio. Por essa razão, **os pontos de contato Al-Cu precisam ser isolados contra a influência do ambiente.**

O alumínio ainda substitui o chumbo nas blindagens de cabos e, nesse caso, sua pureza é excepcionalmente elevada (0,01% de impurezas), e seu comportamento é mais anticorrosivo. Esse alumínio é particularmente plástico e mole, apresentando uma dureza Brinell de 140 N/mm^2, resistência à tração de em média 40N/mm^2 e um alongamento de 40 a 50%, sendo revestido com polietileno.

Aplicações do alumínio

O alumínio **puro** apenas é usado nos casos em que as **solicitações mecânicas são pequenas.** Tal fato ocorre, por exemplo, nos cabos isolados, em capacitores e em barras condutoras injetadas nas ranhuras de motores de indução. Entretanto, é bastante grande o número de ligas de alumínio usadas eletricamente, nas quais este é associado principalmente a Cu, Mg, Mn e Si, que, com exceção do silício, formam sistemas cristalinos mistos, **sensivelmente dependentes das condições de temperatura em que a liga é processada.**

Vejamos alguns casos mais frequentes.

As ligas de alumínio permitem, via de regra, **uma fácil usinagem**, com **elevada velocidade de corte**, porém pequeno avanço da ferramenta. A sua **reduzida** dureza leva, entretanto, a certas ferramentas especiais, pois nas normais o metal ficaria "grudado". Em caso de tratamento térmico, visando **melhorar certas características mecânicas**, é imprescindível um rigoroso controle de temperatura, com variações admissíveis muito pequenas. Apesar de não ser tão crítico quanto no cobre, o alumínio em fusão também apresenta uma oxidação sensível. A tendência de absorver gases nesse estado (fusão) é bastante grande, o que pode prejudicar a qualidade.

O pequeno peso específico do Al (e suas ligas) leva, na área eletrotécnica, às seguintes aplicações principais:

a) **em equipamento portátil**, uma redução de peso;

b) **em partes de equipamento elétrico em movimento**, redução de massa, da energia cinética e do desgaste por atrito;

c) **de peças e equipamentos sujeitas a transporte;**

d) **em estruturas de suporte de materiais elétricos** (cabos, por exemplo), redução do peso e consequente estrutura mais leve;

e) em locais de elevada corrosão, com o uso particular de ligas com manganês.

Cuidados especiais são necessários, porém, devido a razões expostas a seguir:

- **No alumínio no estado puro, ocorre uma rápida oxidação superficial**, sendo o óxido de alumínio **altamente resistente** à passagem da corrente elétrica. Resultam **daí problemas de contato elétrico** entre peças. Nesse aspecto, ligas de cobre (latão, bronze e bronze fosforoso) **são bem mais adequadas**. Uma **sensível melhora** desse problema é obtida no uso de ligas de Al + Cu + Mg, com um revestimento fino de alumínio puro, geralmente aplicado no estado de fusão ou por laminação e elevada pressão, através de **um processo especial** e condições muito bem definidas **de recozimento**.
- No caso de corrosão galvânica, e dependendo do metal em contato com o alumínio. Sendo o contato cobre-alumínio, ocorre destruição relativamente rápida do alumínio. Essa corrosão se faz presente perante um eletrólito, que pode ser a própria umidade do ar. O Al tem um comportamento praticamente **neutro e inalterado** em contato com o Zn, Cd e Cr. O óxido de ferro (ou ferrugem) ataca o alumínio. Caso o contato entre o **alumínio e outro metal** provocante de corrosão **seja inevitável, o ponto de contato deve ser muito bem isolado por meio de envolvimento com massa isolante**.
- Por vezes, existem problemas para fixar sobre o alumínio, **camadas de vernizes isolantes**. Nesse caso, é usado um processo que compreende a aplicação sobre a **peça desoxidada, aquecida** a 50 °C, durante cerca de 1 minuto, de um banho composto sobretudo de fosfato, cromato e fluoreto. A camada que assim se forma, composta principalmente de fosfato de alumínio e cromo, apresenta também **maior resistência a corrosão**.

Prata (Ag)

É o **metal nobre de maior uso industrial**, notadamente nas **peças de contato**. A cor prateada brilhante é característica, escurecendo-se devido ao óxido de prata ou de sulfito de prata que se forma em contato com o ar. Sua obtenção resulta frequentemente de minérios combinados de prata, cobre e chumbo.

A prata, devido às suas características **elétricas, químicas e mecânicas**, cujos valores numéricos estão indicados na Tabela 9.1, é usada em **forma pura** ou de **liga**, cada vez mais em partes condutoras onde uma oxidação ou sulfatação viria criar problemas mais sérios. É o caso **de peças de contato**, notadamente nas partes em que se dá o contato mecânico entre duas peças e onde, além de um bom material condutor, é conveniente ter-se um metal que não **influa negativamente** devido a transformações metálicas. No caso da prata, no seu estado puro, encontra o seu uso nas **pastilhas de contato**, para correntes relativamente **baixas**. Quando essa solução não é mais adequada, usam-se pastilhas **de liga de prata**, onde o Ag é misturado **com níquel e cobalto, paládio, bromo e tungstênio**.

A prateação, numa espessura de alguns micrometros, é usada para proteger peças de **metal mais sujeitos à corrosão.**

Um comportamento especial da prata, em peças de contato, é a eliminação **automática do seu óxido, retornando à prata** pura, e liberação **do oxigênio à temperatura de 200 a 300 °C.**

Na limpeza de contatos de prata, **não usar material abrasivo (lixas, limas etc.).**

Ouro (Au)

Esse metal, que apresenta uma **condutividade elétrica bastante boa,** destaca-se pela sua **estabilidade química** e pela consequente **resistência à oxidação, sulfatação** etc. Também suas características mecânicas são **adequadas** para uma série de aplicações elétricas, havendo porém a natural limitação devido ao seu preço.

O ouro é encontrado eletricamente **em peças de contato** na área de **correntes muito baixas,** casos em que qualquer oxidação poderia levar à interrupção elétrica do circuito. É o caso de peças de contato em **telecomunicações e eletrônica.** Seu uso nesse caso é feito na forma pura, não sendo encontrado em forma de liga, pois esta somente **eliminaria** as propriedades vantajosas que o ouro apresenta. **Consulte suas características técnicas na Tabela 9.1.**

Platina (Pt)

Ainda na família dos metais **nobres,** encontramos a platina, que também é bastante **estável quimicamente.** É relativamente **mole,** o que permite uma deformação **mecânica** fácil, bem como sua redução a folhas, com **espessuras** de até 0,0025 mm, ou a fios finos, com **diâmetro** de até 0,015 mm ou ainda menores, através de processos especiais. Se submetido a um **recozimento,** sua resistência à tração diminui em até 200N/mm^2. Acima de 550 °C **sofre recristalização,** permitindo **fácil soldagem** acima de 800 °C. **Não sofre oxidação** na fase de recozimento, não devendo ter, nessa fase, contato **com fósforo, enxofre, silício ou carbono,** sob risco de se tornar quebradiço. Em muitos processos químicos, a Pt age **como catalisador,** absorvendo grandes quantidades **de hidrogênio e de oxigênio.**

Devido às suas propriedades **antioxidantes,** o seu uso elétrico é **encontrado particularmente em peças de contato, anodos, e fios de aquecimento.** É o metal mais **adequado** para a fabricação de **termelementos e termômetros resistivos** até 1 000 °C, pois até essas temperaturas não sofre transformações estruturais, fazendo com que a resistividade varie na mesma proporção da temperatura.

Termômetros resistivos são particularmente usados perante pequena variação de temperatura, casos não mais registrados por termelementos. Sua única desvantagem é de apresentarem uma certa **dilatação,** o que dificulta a leitura de temperaturas em dado ponto. Na faixa de – 200 a + 500 °C, a platina permite a leitura mais exata da temperatura do que outros metais.

A platina pertence ao grupo dos metais **de elevado ponto de fusão**, o que lhe traz certas aplicações em peças de contato, sobretudo na forma **de liga, com rutênio, sódio, paládio, ósmio e irídio**, cujas temperaturas de fusão todas se localizam acima de 1 500 °C. **As demais características vêm indicadas na Tabela 9.1.**

Mercúrio (Hg)

É o **único metal líquido**, à temperatura ambiente. Aquecido, oxida-se **rapidamente** em contato com o ar. É usado em termômetros resistivos para leituras entre 0 e 100 °C, bem como para chaves basculantes usadas conjuntamente com sistemas mecânicos, sobretudo de **relógios** e **lâmpadas** (vapor de mercúrio). Quase todos os **metais** (com exceção do ferro e do tungstênio) **se dissolvem** no mercúrio. Os vapores de mercúrio são venenosos. **Demais características encontram-se na Tabela 9.1.**

2 • MATERIAIS CONDUTORES COM REDUZIDA CONDUTIVIDADE ELÉTRICA
Chumbo (Pb)

O chumbo é um metal de coloração cinzenta, com um brilho metálico intenso quando não oxidado. Sua oxidação superficial é, porém, **bastante rápida**. Seu sistema cristalino é constituído de cristais de tamanho grande, reconhecíveis a olho nu se aplicarmos ácidos adequados. O metal **é mole e plástico** e suas características estão indicadas na **Tabela 9.1**. Apresenta elevada **resistência** contra a ação da **água potável**, devido à presença de **carbonato de chumbo, sal, e ácido sulfúrico. Não resiste a** vinagre, materiais orgânicos em apodrecimento e cal. O chumbo **é atacado** pela água destilada, é venenoso e permite sua soldagem. Nas **aplicações elétricas**, é frequentemente encontrado, **reduzido a finas chapas** ou folhas, como nas **blindagens de cabos com isolamento de papel, acumuladores de chumbo-ácido e paredes protetoras contra a ação de raios** X. Ainda, o chumbo é encontrado em **elos fusíveis** e em material de **solda**. Nas ligas, o chumbo é encontrado junto com **antimônio, telúrio, cádmio, cobre e estanho**, adquirindo, assim, elevada resistência mecânica e à vibração, ficando porém **prejudicada** a resistência à corrosão.

Uma **das ligas** mais frequentemente encontradas é a **do chumbo com antimônio**, onde o antimônio eleva a dureza. Já 1,5% de Sb duplicam esse valor. Sua aplicação é encontrada em **eletrodos tubulares**, tais como os anodos de cromação.

Estanho (Sn)

O metal é branco-prateado, mole, porém mais duro que o chumbo, com uma estrutura cristalina bem característica, que leva a se ouvir estalos típicos quando dobramos uma barra de estanho. Seu sistema cristalino é tetragonal. Nota-se que a **resistividade elétrica** do estanho **é elevada**, o que faz esperar um elevado aquecimento perante a passagem da corrente. Utilizado em temperaturas **inferiores** a

18 °C, o metal apresenta **manchas cinzentas**, que desaparecem se o metal é novamente aquecido. Ao contrário, aquecido **acima** de 160 °C, o material se **torna quebradiço** e se decompõe na forma de pequenos cristais.

À temperatura **ambiente normal**, o estanho **não se oxida**; a água **não** o ataca e ácidos diluídos **o atacam apenas lentamente**. Por isso, o estanho é usado para revestimento e está presente em ligas, como no bronze.

A exemplo do chumbo, o estanho é usado como **material de solda**. Em algumas aplicações é reduzido **a finas folhas**.

O minério de estanho já está se tornando bastante raro. **Suas características físicas vêm indicadas na Tabela 9.1.**

Zinco (Zn)

É um metal branco-azulado, que tem o **maior coeficiente de dilatação** entre os metais. É **quebradiço à temperatura ambiente, estado que muda** entre 100-150 °C, quando se torna **mole** e **maleável**, o que permite sua redução a finas chapas e fios. **Acima** de 200 °C, volta a ser **quebradiço**, podendo ser reduzido **a pó** a 250 °C. A razão cristalográfica é que esse metal tem **estrutura hexagonal**, ao contrário **da cúbica**, geralmente encontrada nos metais. No sistema hexagonal a **anisotropia** se faz muito presente, do que resulta um comportamento bem diferente do metal se esses eixos cristalinos não forem levados em consideração. Assim, apenas se o metal apresentar cristais de pequeno tamanho, e eventualmente **desordenados**, essa anisotropia não será muito sensível. A anisotropia também justifica o porquê da deformação mecânica quando ocorrem mudanças sensíveis nas propriedades **de compressão, tração etc.**, fazendo com que, acima de certos limites de deformação, **o metal perca** suas propriedades mecânicas. Devido ao baixo ponto de fusão, podem ocorrer **modificações cristalinas, já à temperatura ambiente**, se nessa condição o metal sofrer deformação a frio. Essa recristalização ocorre em temperaturas mais elevadas quando o zinco é menos puro ou contém certos aditivos propositais.

A resistência à tração varia entre limites amplos, em função do processo usado na fabricação das peças. O valor mais baixo se aplica a peças fundidas; quando se utiliza um processo de laminação, o valor se eleva de aproximadamente 10 a 12 vezes. Da mesma maneira se eleva o **alongamento**, porém numa proporção diferente, bem maior.

O zinco é **estável quimicamente** no ar, após se recobrir com uma fina película **de óxido ou carbonato** de zinco. É atacado rapidamente **por ácidos e bases**. Consulte a **Tabela 9.1**, que contém os valores numéricos de suas características.

Em contato com outros metais e na presença **de umidade**, existe facilidade de formação de **elementos galvânicos**, que corroem ou dissolvem o zinco. O metal **que menos** corroe o zinco é **o aço**, o qual pode, assim, ser usado para recobrimento e proteção do zinco. O zinco é ainda usado **para revestimento** – a *zincagem a fogo* (imersão em estado de fusão), *aplicação por pulverização*, ou *zincagem eletrolítica*.

Ligas de zinco – resultam sobretudo da união **de zinco** com **alumínio e cobre**, a fim de elevar sua **resistência à tração** e demais **propriedades** mecânicas. Ligas cristalinas Zn –Al –Cu levam a cristais mistos que se transformam com o tempo, e, consequentemente, apresentam o chamado *envelhecimento,* que se faz notar inclusive por uma **elevação do volume**, com consequente redução das **características mecânicas, do alongamento** etc. Acrescentam-se, ainda, corrosões intercristalinas pela ação da umidade e do calor. Nesse sentido, destaca-se a ação do alumínio, de modo negativo. Caso tal comportamento comprometa a peça, deve-se acrescentar magnésio e lítio, que reduzem o efeito corrosivo.

O combate ao envelhecimento é obtido, de um lado, usando-se zinco com **pureza** 99,99%, e de outro, pelo **acréscimo** de pequena quantidade de **magnésio** (0,1%).

As ligas de Al-Zn não apresentam envelhecimento, além de se destacarem por uma **dilatação mínima**. Para a fusão sob pressão, as ligas com 4% de Al, 0,6% de Cu, 0,05% de Mg e o resto de zinco têm apresentado os melhores resultados.

Nas **aplicações elétricas**, o zinco predominantemente usado tem pureza 99,99%; em forma de liga com 0,9% de Al, 0,5% de Cu, com uma **condutividade elétrica** de 16 a 17 m/Ω.mm^2 e uma **resistência à tração** de 180 a 200N/mm^2, perante um alongamento de 40-55%. **Essa liga admite fácil soldagem.** Comparado com o cobre, a seção transversal de tais fios deve ser 3,3 vezes maior. A diferença entre os coeficientes de dilatação dessa liga e do material dos **conetores**, pode fazer com que o contato **se solte** depois da **passagem da corrente.** Uma eventual camada de óxido de zinco é bem mais mole e, por isso, de remoção mais **fácil** que a do cobre. O uso do zinco como metal condutor é limitado a **elementos galvânicos** (pilha de Leclanché) e a certos elementos de ligação em forma de fios e contatos.

Cádmio (Cd)

O cádmio é um **acompanhante** constante dos minérios de **zinco** e, assim, se constitui num subproduto do mesmo. O cádmio é mais **mole** que o zinco, porém, no mais, suas propriedades são bem semelhantes a este. Por seu brilho metálico, tem sido usado como **metal de recobrimento**, na proteção contra **a oxidação**. Por ser mais caro que o zinco, essa aplicação de cádmio hoje é quase que totalmente substituída pela zincagem. Assim, o seu uso fica condicionado à fabricação **das baterias** de Ni-Cd. Lembrando que o cádmio é venenoso. **Consulte também a Tabela 9.1.**

Níquel (Ni)

É um metal cinzento-claro, com propriedades **ferromagnéticas**. Puro, é usado em **forma gasosa** em tubos e para **revestimentos** de metais de fácil oxidação. **É resistente a sais, gases, materiais orgânicos**, sendo porém sensível à ação do enxofre. Aquecido ao ar, não reage com o mesmo até 500 °C. Assim, seu uso está difundido na indústria química, particularmente em aplicações sobre o ferro, pois ambos têm semelhante **coeficiente de dilatação** e temperatura de fusão. Em estado de fusão, **absorve** carbono, oxigênio e enxofre.

A **deformação a quente** é processada a 1 100 °C, devido à sua **elevada dureza**. Frequentemente, porém, essa deformação é feita a **frio**, permitindo obter fios de até 0,03 mm de diâmetro. O níquel se caracteriza ainda por uma **elevada estabilidade** de suas propriedades **mecânicas**, mesmo a temperaturas bem baixas. Magneticamente, o níquel pode **ser magnetizado fracamente**, não sendo mais magnético acima de 356 °C (**temperatura de Curie**).

Seu uso resulta assim para fios **de eletrodos, anodos, grades, parafusos** etc. É de **difícil evaporação no vácuo**. A emissão de elétrons é elevada pelo acréscimo de cobre até 3,5%. **Fios de níquel** podem ser soldados a outros de cobre sem problemas. Nas lâmpadas incandescentes, fios de níquel são usados como **alimentadores** do filamento de tungstênio (W) devido ao seu comportamento térmico. O seu elevado **coeficiente de temperatura** o recomenda para termômetros resistivos. Encontramos seu uso nos **acumuladores** de Ni-Cd e nas ligas de Ag-Ni para contatos elétricos. As *ligas* de níquel são resistentes mecanicamente contra a **corrosão e suportam bem o calor**. Sua presença em **ligas Ni-Cu** já altera a cor típica do cobre, tornando-se praticamente igual **à prata, com 40% de Ni**. A **condutividade elétrica** do cobre **cai** rapidamente na presença do níquel, chegando ao seu valor mínimo a **50% de Ni**. Assim, ligas de níquel são adequadas na fabricação de **resistores**, a exemplo do **Konstantan, Monel**, e outros. A liga Ni-Cr (ou nicrom), eventualmente com pequenos acréscimos **de ferro e manganês**, suporta bem, em particular, **o calor**, reduzindo a possibilidade de oxidação do níquel, sobretudo acima dos 900 °C. Outro setor onde o níquel é usado é o dos **termoelementos**, em substituição ao **par platina – platina-sódio**, para temperaturas até 1 200 °C. Combinado com o **ferro**, leva a ligas **magnéticas apropriadas**, que serão analisadas mais adiante no capítulo de materiais magnéticos. **Consulte também a Tabela 9.1.**

Cromo (Cr)

É um metal de brilho prateado-azulado, **extremamente duro**. O cromo não se **modifica em contato com o ar** e permite bom polimento. Possui elevado **grau de reflexão** (65%). Somente sofre **oxidação a elevadas temperaturas** superiores a 500 °C, sendo mais **sensível** à ação **de enxofre e de sais**. Quando imerso dentro de uma **solução salina**, se recobre com uma camada **de óxido** que o protege contra outros ataques. Por isso, o cromo é usado para **proteger outros metais** que oxidam com maior facilidade. **Seus valores numéricos vêm indicados nas Tabelas 9.1 e 12.2.**

Aliando sua **baixa oxidação** a elevada **estabilidade térmica** e à alta **resistividade elétrica**, resulta ampla utilização do cromo na fabricação de fios resistivos, em forma pura ou como liga.

Tungstênio (W)

O tungstênio é obtido por um processo quimicamente complexo, na **forma de pó**, e comprimido em barras a pressões de 20 M Pa (1 atm =101 325 Pa). Por ser um metal com temperaturas-limite **muito elevadas**, todo seu processo de manufatura e obtenção **de produtos elétricos** é extremamente **difícil e de custo elevado**. A própria compactação dos grãos do pó é complexa, resultando daí **pequena aderência** entre cristais e, assim, peças quebradiças. Modificando-se porém a disposição cristalina através de **um processo especial**, fazendo com que passem a uma **disposição linear**, podem ser fabricados fios ou filamentos, cuja **resistência à tração** se eleva **com redução** do diâmetro.

Uma vez que o tungstênio **não** permite corte, usinagem ou furação convencionais, devido a sua dureza e ao fato já mencionado de ser **quebradiço**, o método indicado é o usado para fabricar os filamentos de lâmpadas incandescentes, que operam a temperaturas em torno de 2 000 °C; **a resistividade elétrica** se eleva até $1\,\Omega.mm^2/m$, e assim **20 vezes** superior àquela à temperatura ambiente. Por essa razão, o pico elevado de corrente, no **instante da ligação de lâmpadas e tubos de raios X**.

O tungstênio ainda é usado **em ligas** sujeitas a temperaturas **elevadas**, como por exemplo, contatos com arcos voltaicos intensos. **Veja os valores numéricos do tungstênio na Tabela 9.1.**

3 • LIGAS METÁLICAS RESISTIVAS

Ligas deste tipo têm uma **resistividade elétrica** (ρ) variável entre 0,2 e $1,5\,\Omega.mm^2/m$, e devem atender a certas condições em função do seu emprego. É, muitas vezes, condição imposta que a **resistência se mantenha constante** dentro de ampla **faixa de variação** de temperatura, ou seja, **que α_T seja** praticamente igual a zero. Além disso, por frequentemente operarem a **temperaturas elevadas**, em que as condições de envelhecimento e oxidação são **mais críticas**, exige-se que tanto um quanto outro apresentem **valores baixos**. Uma característica **de fácil transformação mecânica** é recomendável, o que leva frequentemente à necessidade **de ligas** e não de **metais puros**, pois estes, sendo de **elevada resistividade**, também são geralmente de **elevada dureza**.

Tabela 6.4 • Grupos de ligas resistivas.	
Tipo de composição mais frequente	**Resistividade elétrica a 20 °C (em $\Omega.mm^2/m$) Valores médios de cálculo**
Fe zincado	0,33
Cu – Ni e Cu – Ni – Zn	0,30
Ni – Mn (Manganina)	0,43
Cu – Ni e Cu – Mn	0,50
Fe – Ni, Cr – Ni, Cr, Fe – Ni	1,00
Ni – Fe com outros metais	1,20
Fe – Cr – Al	1,40

Podemos observar ainda, pela consulta à Tabela 12.2, que metais puros dificil-mente têm resistividade superior a 0,2 Ω.mm²/m, com exceções de alguns que são inadequados à fabricação de elementos resistivos por motivos mecânicos e térmi-cos, e que metais puros têm um α bastante elevado, uma vez que o valor desejado de $\alpha \approx 0$ somente é obtido por **misturas cristalinas**. Baseado ainda em informa-ções anteriores de que certas misturas, mesmo em pequenas porcentagens, po-dem levar a uma sensível **elevação da resistividade**, valemo-nos nesse caso de uma situação, antes considerada prejudicial quando era preocupação ter-se um metal ou liga metálica **de pequenas perdas**. Assim, as **ligas resistivas não** apresen-tam uma estrutura **homogênea e uniforme**, mas sim se constituem **de cristais mistos**. *A resistividade é tanto maior quanto mais afastados entre si estiverem os componentes do cristal misto* na Tabela Periódica dos Elementos. Dessa forma, atingem-se valores de até 1,5Ω.mm²/m a 20 °C. Tais cristais apresentam porém algumas **desvantagens** quanto às suas características mecânicas, o que leva a cer-tas restrições de otimização elétrica, para melhorar as demais. Distinguem-se, assim, os seguintes tipos de ligas quanto à sua função.

1) ligas para fins térmicos ou de aquecimento;
2) ligas para fins de medição;
3) ligas para fins de regulação.

EXEMPLOS

Ligas de cobre

Geralmente usadas para fins de regulação e medição. Se usados para aqueci-mento, a temperatura máxima seria de 400 °C. São exemplos:

Liga com zinco (Cu – Ni – Zn)

Composição: 54-60 Cu, 17-26 Ni, 20-23 Zn

$$\rho_{20} = 0,3 \text{ a } 0,4\Omega.\text{mm}^2/\text{m},$$

$$\alpha_T = 0,3 \times 10^{-3}/°C$$

Quanto mais elevado o teor de níquel, maior a resistividade. Essa liga sofre, a temperaturas elevadas, a **influência da instabilidade do zinco**; portanto, na au-sência deste, a liga é mais estável. São ligas pouco usadas.

Ligas com níquel (Cu –Ni)

Tendo uma composição de 54% de Cu, 45% de Ni e 1% de Mn, esta liga recebe o nome de *Konstantan,* que é um nome patenteado. São suas características:

$\rho_{20} = 0,50\Omega.mm^2/m$, valor praticamente constante.

$\alpha_T = -0,03 \times 10^{-3}/°C$.

Variando a porcentagem **de manganês** influi-se principalmente no **valor de** α_T no sentido positivo ou negativo, propriedade que é particularmente usada para **equilibrar** a elevação da **resistividade do cobre**. Não devemos esquecer, porém, que **a variação de resistência** é também função do recozimento e do processo mecânico utilizado. O *Konstantan* possui uma boa estabilidade térmica, mas apenas deve ser usado **até 400 °C**. Uma vez que a tensão eletrotérmica de contato em relação ao cobre é de 40μV/°C, o Konstantan **é inadequado para baixas tensões**. Devido ao elevado porcentual de Ni, a liga suporta **bem ácidos diluídos e vapores de amoníaco**.

Niquelina

Se compõe **de 67 Cu, 30– 31 Ni e 2 – 3 Mn**. O **baixo** porcentual de **níquel** trás um valor de **resistividade** também relativamente **baixo**. A niquelina é usada como matéria-prima de **dispositivos de partida e de resistores de pré-ligação**, ou seja, nos casos em que uma baixa resistência é suficiente e onde a resistividade **não** precisa se manter **constante** com variação de temperatura.

Ligas de Cu – Mn

Também essas ligas **têm elevada estabilidade térmica**. Porém, como a temperaturas muito elevadas ocorre a evaporação do Mn, essas ligas também são recomendadas para temperaturas **até 400 °C. Pequenas modificações** na composição química já podem levar a **sensíveis mudanças do valor da resistividade**. A liga mais usada é **o Manganin**, com 86 Cu, 12 Mn e 2 Ni, que apresenta um valor de $\rho = 0,43\Omega.mm^2/m$ e um $\alpha_T = 1 \times 10^{-5}/°C$ e, assim, bastante **próximo de zero**. Comparado **com Konstantan**, a tensão de contato do **Manganin** com o cobre é pequena, o que o recomenda **para resistores** de precisão, para fins de medição. A Figura 6.4 mostra que na faixa das temperaturas ambiente a curva é plana, o que também recomenda seu uso para as finalidades indicadas. Observa-se ainda que a liga é estável (não se transforma com o uso) se à mesma tiver sido aplicado um processo de **envelhecimento artificial e acelerado**, que consiste num aquecimento a 400 °C.

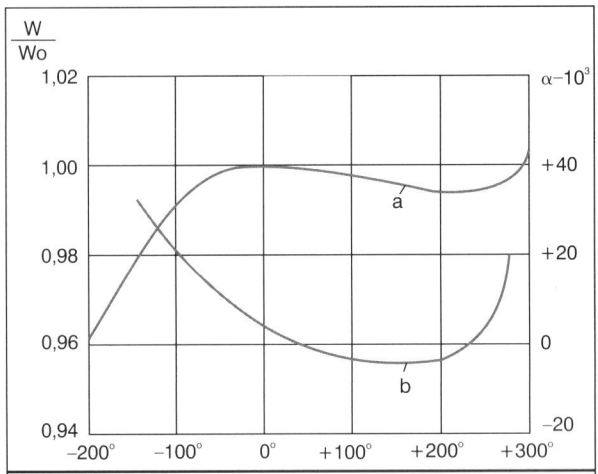

Figura 6.4 • Variação da resistência elétrica do manganin (curva a) e do seu coeficiente de temperatura (curva b), em função da temperatura.

A **Manganina** é a liga básica para diversas ligas derivadas, tais como as enunciadas a seguir:

Isabelina, com 84 Cu, 13 Mn e 3 Al. Não possui níquel e substitui o Konstantan. Apresenta um ρ a 20 °C de 0,5Ω.mm^2/m e α_T = 0,002 x 10^{-3}/°C à temperatura ambiente. No mais, seu comportamento é semelhante à *manganina*. É recomendado a até temperaturas de 300 °C e apresenta uma tensão de contato com relação ao cobre, de 1μV/°C, o que o recomenda para uso como matéria-prima *de resistores de precisão*.

Novokonstant, com 82,5 Cu, 12 Mn, 4 Al e 1,5 Fe. Tem o comportamento típico das ligas de manganês, como a própria isabelina. A tensão de contato com o cobre é de – 0,3μV/°C, sendo assim utilizado **para resistores de medição**, reostatos e, eventualmente, para aquecimento até 400 °C.

Ligas de prata

Resistores para regulação são frequentemente ligas Mg –Ag –Sn, às vezes com acréscimo **de germânio**. A resistividade é elevada e o coeficiente de temperatura α_T, negativo, o que justifica seu uso em circuitos de compensação dependentes da temperatura. São **mais estáveis** do que ligas de cobre perante **ácidos orgânicos, água salgada e amoníaco**.

O **coeficiente de temperatura** varia acentuadamente com o tratamento térmico de envelhecimento, conforme mostra a Figura 6.5, passando inclusive **por zero**. Essa curva demonstra ainda um fato interessante, o de que α_T = 0 pode ser obtido tanto a 175 °C quanto a 430 °C. O valor de ρ é variável em função da composição, apresentando um valor médio em torno de 0,55Ω.mm^2/m a 20 °C. Aplica-se às ligas de prata tanto a transformação a frio quanto a quente, preferindo-se o processo frio para finalidades de regulação. Todas apresentam uma recristalização durante o uso, o que **não** as recomenda para **medição, exceção** feita a uma liga sem estanho (Sn), com 8,7% de Mn, e que apresenta um $\alpha_T = 0$ após um tratamento **térmico** de 12 horas passa a 250 °C.

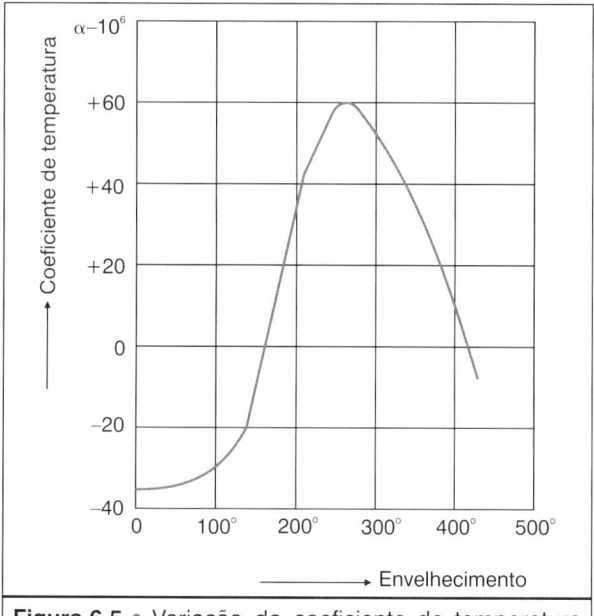

Figura 6.5 • Variação do coeficiente de temperatura de liga de prata em função da temperatura (envelhecimento).

Ligas de cromo-ouro

Essas ligas apenas são utilizadas em **resistores de precisão** e em **padrões**. O ouro puro possui, a 20 °C, uma resistividade de $0{,}020\,\Omega.mm^2/m_9$ com um coeficiente de temperatura de $\alpha_T = 4 \times 10^{-3}/°C$. Mediante um pequeno acréscimo de cromo, tem-se uma sensível elevação de ρ e uma simultânea e acentuada redução de α_T, valor esse que é tornado igual a zero e mesmo negativo através de um adequado tratamento térmico. De particular interesse nessa área de utilização é uma liga com 2,05% de Cr, que, a 20 °C, tem um $\rho = 0{,}33\,\Omega.mm^2/m$. O peso específico (densidade) é de 17,7 g/cm^3, a tensão de contato com o cobre de 7 a 8μV/°C. O tratamento térmico mencionado é geralmente efetuado ao vácuo, para evitar a formação **de óxidos**. É de se observar, porém, que a liga é bastante sensível à ação de **esforços mecânicos** e à variação da umidade do ambiente em que se encontra.

Ligas de níquel-cromo

Essas ligas se caracterizam por uma **elevada resistividade, elevada resistência mecânica** a frio e a quente e elevada **estabilidade térmica**. Assim, são recomendados para a fabricação **de fios para aquecimento**, até temperaturas elevadas. A Tabela 6.5 apresenta suas características. Distinguem-se as enunciadas a seguir.

a) Ligas sem ferro

A composição média de tais ligas se situa em 80% Ni e 20% Cr, ou, por vezes, ainda com 1% – 2% de Mn. **Uma maior porcentagem de Mn** reduziria a durabilidade das ligas. Sua estrutura é a de cristais mistos não magnéticos. Suas características vêm indicadas na Tabela 6.5. Caso as condições ambientais façam cair a durabilidade do componente, podem ser acrescentadas **pequenas quantidades** de **tório ou cálcio**, pois ambos agem no sentido de reduzir a oxidação. Podem ser usados até temperaturas de 1 150 °C, apesar de que o preço do cromo atualmente sugere outras soluções.

b) Ligas com teor de ferro de até 20%

A composição se move em torno de 60 Ni, 20 Cr e 20 Fe e, eventualmente, 1 a 2% de Mn. O acréscimo de Fe eleva a resistividade e **permite reduzir o teor de níquel**, sem alterar sensivelmente as propriedades. Para mais detalhes sobre as características, veja a Tabela 6.5. Através do acréscimo de pequena porcentagem de **molibdênio e silício**, obtém-se uma liga recomendada até 1 150 °C, e, assim, adequado para **fornos elétricos**.

c) Ligas com elevado teor de ferro

Nessas ligas, efetua-se uma sensível redução do níquel, o que **melhora a estabilidade química** da liga perante vapores **de enxofre**, ocorrendo porém uma redução de ρ e uma elevação de α. Também nesse caso, a durabilidade do componente pode ser elevada mediante o acréscimo de tório e cálcio, por reduzir a oxidação. Seu uso é assim recomendado a temperaturas de até 1 000 °C. Mais detalhes, na Tabela 6.5.

Ligas de cromo-alumínio-ferro

Essas ligas são particularmente usadas para **fins de aquecimento**, onde se elimina o uso do níquel. O valor de ρ varia em torno de 1,40Ω.mm^2/m. A camada de óxido de alumínio que se forma protege a liga contra futuras alterações, em particular a oxidação à temperatura elevada. A **estabilidade térmica pode ser melhorada** através do acréscimo de pequenas porcentagens de tório e cálcio; a temperatura limite de tais ligas oscila em torno de 700 °C, acima da qual se tornam quebradiças. Tais ligas são particularmente **sensíveis** a umidade, **ácidos e nitrato**. Mais detalhes na Tabela 6.5.

Tabela 6.5 • Ligas metálicas para aquecimento.

Composição	Resistividade (Ω.mm²/m)				Condutividade térmica média (cal/cm · s · °C)	Temperatura máxima serviço (°C)	Resist. média à tração a 20 °C (N/mm²)
	20 °C	200 °C	700 °C	1000 °C			
6 Al + 8 Cr + 86 Fe	1,25	1,28	1,42	1,44	0,03	950	7,0
20 Cr + 5 Al + 75 Fe	1,37	1,38	1,40	1,43	0,03	1150	7,0
30 Cr + 5 Al + 65 Fe	1,44	1,43	1,45	1,46	0,03	1250	8,0
25 Cr + 19 Ni + 56 Fe	0,95	1,05	1,20	1,27	0,031	1050	7,0
30 Ni + 20 Cr + 50 Fe	1,05	1,10	1,24	1,30	0,031	1100	7,0
60 Ni + 15 Cr + 25 Fe	1,11	1,15	1,20	1,26	0,032	1075	7,0
80 Ni + 18 Cr + 2 Mn	1,09	1,10	1,12	1,13	0,035	1150	7,0

As ligas acima, da Tabela 6.5, precisam ter **uma elevada estabilidade térmica**, tendo um bom comportamento **corrosivo ou químico** à temperatura local. Cada liga desse tipo possui uma temperatura máxima de serviço **que não pode ser ultrapassada**, referida ao ambiente de serviço, geralmente em contato com o ar. Essas ligas possuem, muitas vezes, a propriedade de se recobrirem por **fina película de óxido**, a **qual protege** o restante do metal contra a ação do ambiente. Tal película, porém, poderá romper-se se houver frequentes aquecimentos e resfriamentos, ou seja, frequentes **ligações e desligamentos** da rede elétrica, **reduzindo** assim a durabilidade do componente. Na escolha dos componentes da liga, também pode ser de importância sua capacidade **de dilatação e de irradiação**.

No presente caso, devemos ter dados exatos **de variação da resistência** entre a temperatura ambiente e a máxima temperatura de serviço.

4 • LIGAS PARA PEÇAS LAMINADAS OU EXTRUDADAS
Aldrey (Al + Mg + Si + Fe)

Geralmente, com uma composição de, em média, 0,4% de Mg, 0,6% de Si e 0,3% de Fe (o resto é alumínio), o **Aldrey** apresenta boas **características mecânicas** quando tratado termicamente a cerca de 500 °C, rápido resfriamento e recozimento a 150 °C. No Aldrey, se cria a liga Mg_2Si, que é a responsável pelas boas propriedades mecânicas. Na forma de fio, o Aldrey tem **um peso específico** de 2,7 g/cm³, **resistência à tração de 350 N/mm²**, **um alongamento médio** de 6,1% e uma **resistividade a 20 °C de** $\rho = 0,0317$ Ω.mm²/m ou um valor de **condutividade** de 30 m/Ω.mm², **um coeficiente de temperatura a** α_T= 0,0036/°C, e um **coeficiente linear de dilatação** 23 x 10⁻⁶ grau⁻¹. Assim, o Aldrey apresenta um valor de peso específico e de condutividade elétrica do alumínio e uma resistência à tração equivalente à do cobre encruado. **Sua resistência mecânica** decresce acentuadamente a **temperaturas superiores** a 150 °C. Essa liga é usada em redes aéreas, fios trolei e fios de enrolamento de motores e transformadores.

Liga Al-Cu-Mg-Mn e Al-Mg-Si

A liga mais antiga desse tipo é o **duralumínio**, de coloração vermelho-escura, com 2,5 a 5% de Cu, 0,2 a 1,8% de Mg, 0,3 a 1,5% de Mn e o restante em alumínio.

Encontram-se, por vezes, ainda, adicionais de Si, Fe, Ti, Zn, Ni e Pb, em porcentagens não superiores a 1% de cada. Essa liga, existente desde 1907, ainda é importante hoje sempre que necessitamos de metais leves, **com elevada resistência mecânica**. Essa resistência, além da composição, é também **influenciada** pela **espessura** da peça metálica, variando de 180 a 240N/mm² e um alongamento de 20%, valor que se eleva até 380 a 440N/mm² quando submetido a um tratamento térmico a 500 °C e um repouso de 5 a 8 dias à temperatura ambiente.

Um posterior **encruamento a frio** leva a atingir valores até 580 N/mm², com consequente **redução do alongamento a 10-20%**. A temperatura de serviço de peças construídas dessa liga **não deve ultrapassar**, porém, os 80 °C, **não** permitindo sua soldagem.

A liga Al –Mg –Si, de cor branca, é especialmente recomendada nos casos em que a **estabilidade química** é importante, como no caso de corpos de luminárias, terminais etc., pois seu comportamento **oxidante ou corrosivo** é bastante favorável. A composição nesse caso é de, **em média**, 1% de Mg, 1% de Si, 0,8% de Mn e 0,2% de Cr, sendo o resto de alumínio. A maior estabilidade contra corrosão é devida à presença **de manganês**; reduz, porém, a condutividade elétrica. Essa liga é fornecida recozida (ou mole), laminável e encruada (ou dura). **Acima de 150 °C, as características mecânicas se reduzem**. A soldabilidade dessa liga é mais favorável do que a anterior.

Outras ligas vêm indicadas na Tabela 6.6, com suas respectivas características.

Tabela 6.6 • Características de ligas de alumínio para laminação e extrusão.

Composição	Liga	Resist. tração (N/mm²)	Dureza Brinell (N/mm²)	Condut. elétrica (m/Ω.mm²)	Coeficiente de temperatura 1/°C	Características
AlCuMg Duralumínio	Mole	< 2,50	< 6,0	28	$3,5 \times 10^{-3}$	Para construção de peças; sofrem corrosão.
	Encruado	4,00	10,0	20	$2,1 \times 10^{-3}$	
	Ligas com elevada resistência: encruado	4,00	11,0	–	–	
	Encruado e laminado a frio	3,00...5,00	12,0	–	–	
Al Mg Si	Mole	0,80	3,5	30	$3,5 \times 10^{-3}$	Resistência mecânica média, boa deformabilidade boa estabilidade química.
	Duro	1,60	5,5	26	$3,5 \times 10^{-3}$	
	Laminado a frio	1,00	6,0	27	$2,8 \times 10^{-3}$	
	Laminado a quente	2,00	8,0	27	$2,8 \times 10^{-3}$	
Al Mg Si (Aldrey)	Mole	1,00	3,0	30	$3,6 \times 10^{-3}$	Usado em cabos.
	Encruado	3,00	8,0	33	$3,6 \times 10^{-3}$	
Al Mg (valores médios)	Mole	2,20	5,5	20	$2,4 \times 10^{-3}$	Estável contra água do mar; não suporta soluções alcalinas. Quanto maior % Mg maior dificuldade para soldagem.
	Meio mole	2,80	7,0	17	$2,1 \times 10^{-3}$	
	Duro	3,00	9,0	15	$1,8 \times 10^{-3}$	
Al Mn	Mole	0,70	2,0	25	$2,7 \times 10^{-3}$	Melhor estabilidade que Al, boa capacidade de soldagem.
	Meio mole	1,20	3,0	24	$2,7 \times 10^{-3}$	
	Duro	1,50	4,0	23	$2,7 \times 10^{-3}$	
Al Mg Mn	Mole	1,50	4,0	23	$2,4 \times 10^{-3}$	Estabilidade média perante sais e ácidos.
	Meio mole	2,00	5,0	22	$2,4 \times 10^{-3}$	
	Duro	2,50	6,0	21	$2,4 \times 10^{-3}$	

Nota : ' kgf = 9,8N.

5 • LIGAS PARA PEÇAS FUNDIDAS

A Tabela 6.7 apresenta uma relação de algumas das ligas mais representativas desse tipo, que têm particular importância devido à **baixa oxidação quando em estado de fusão**, comparadas com o cobre, e pelo favorável comportamento para se **obterem peças fundidas**. Algumas ligas podem **sofrer têmpera**, tornando-se, assim, adequadas às peças que sofrem **elevadas solicitações mecânicas**. Outras se caracterizam por um **comportamento químico favorável**, ou podem ser facilmente soldadas. Entre todas essas, destacam-se **as ligas de silício** (Si), que podem estar presentes em porcentagens de até 15%, acrescido de Mn, Cu e Fe, em porcentagens bem menores, geralmente inferiores a 1%. Para mais detalhes, veja a Tabela 6.7.

Tabela 6.7 • Características de ligas de alumínio para fundição.				
Composição	Estado	Limite de elasticidade (N/mm^2)	Resistência à tração (N/mm^2)	Dureza Brinell (N/mm^2)
AlSi	Fundição em areia	0,80...1,00	1,70...2,20	5...6
AlSi	Fundição em coquilha	0,90...1,10	2,00...2,60	5...7
AlsiMg	Fundição em areia	1,50...2,60	2,00...3,00	5...10
AlsiMg	Fundição em coquilha	1,00...2,80	2,00...3,20	6,5...11
AlCuSi	Fundição em areia	1,20...1,60	1,60...2,00	7...10
AlCuSi	Fundição em coquilha	1,30...1,70	1,70...2,20	8...11
Nota: A gama de variação dos valores se deve à aplicação ou não de tratamento térmicos (recosimentos), sendo que os valores mais baixos se referem à liga sem tratamento térmico. 1 kgf = 9,8N.				

Resistores para instrumentos de precisão admitem um **coeficiente de temperatura máximo** de $2,5 \times 10^{-6}/°C$, **uma pequena tensão de contato** com relação ao cobre (no máximo 1×10^{-5} V/°C, à temperatura ambiente) e **resistividade praticamente** constante. Tais ligas sofrem geralmente deformação a frio, o que pode acarretar "envelhecimento" sensível após algum uso. Por essa razão, é normal aplicar-se um **processo de "envelhecimento artificial"** para **estabilizar** o material, através de um tratamento térmico controlado que elimina **tensões internas**, estabiliza e homogeniza os **cristais**, quando simultaneamente **se atinge seu valor máximo**. Ainda, segundo as leis de Matthiesen, **quanto maior o peso específico, menor o coeficiente de temperatura** α, o que também se pode obter através de um sistema de tratamento térmico bem controlado.

No caso desses resistores, é fundamental a análise da variação de temperatura à temperatura ambiente.

Finalmente, as ligas para regulação devem operar a temperaturas entre 100 e 200 °C.

Capítulo 7

Matérias-primas para peças de contato

1 • CONSIDERAÇÕES BÁSICAS SOBRE PROBLEMAS QUE ENVOLVEM AS PEÇAS DE CONTATO

Generalidades

Todos os dispositivos de comando, controle e regulação, com exceção daqueles que baseiam seu funcionamento nos materiais semicondutores, possuem um sistema de peças de contato, composto de **um ou mais contatos fixos ou móveis por fase**. A ação conjunta dos **contatos fixos e móveis** traz consigo o estudo do comportamento entre **dois metais ou ligas metálicas**, iguais ou diferentes entre si, assim como a série de fenômenos que influem sobre eles. Os conjuntos de peças de contato que compõem um sistema se classificam genericamente, em *Simétrico* ou *Assimétrico*. Diz-se **simétrico** o conjunto em que o material de ambas as **peças é o mesmo**, enquanto assimétrico é aquele onde uma peça é executada com material **diverso** da outra peça de contato. Exemplificando, temos o primeiro grupo quando **ambos os contatos são de prata**, e o segundo caso, quando **uma** das peças **é de cobre e a outra de prata**.

Os fenômenos pertencentes ao objetivo deste estudo podem ser classificados genericamente em **físicos** e **químicos**, incluindo-se entre os físicos **a resistividade** do material, a **transferência** dos elétrons de um contato a outro, a razão da existência e os efeitos do arco voltaico, a influência da temperatura e a capacidade térmica. No grupo dos fenômenos químicos sobressaem os efeitos da **oxidação**, da **sulfatação** e de **gases corrosivos**.

Na aplicação prática, a exigência técnica traz consigo a condição de o material destinado à fabricação de peças de contato ser tal que satisfaça, por um tempo, o mais longo possível, as condições de perfeito funcionamento do dispositivo, no qual as peças são empregadas. Tais condições variam de **função para função, de**

ambiente para ambiente. Assim, não são os mesmos os problemas que aparecem em seccionadores e em disjuntores, nem iguais os que são básicos para peças de contato destinadas à telefonia e às aplicações industriais. **Ambientes corrosivos, ácidos, salinos e mesmo o ar não salino atuam diversamente** sobre os metais, oxidando-os ou sulfatando-os.

Vê-se, assim, que são numerosos os fatores que influem na escolha correta, resultando disso estudos de laboratórios sobre a maneira de melhor aproveitar esse ou aquele material, resolver essa ou aquela exigência.

Dois são os materiais que predominam como básicos para peças de contato, o cobre e a prata, sendo o primeiro substituído em diversos setores sempre mais pelo segundo. São também cada vez mais frequentes **as ligas** desses dois metais com outros, para se tornarem mais adequados para determinadas funções e condições de serviços. Assim sendo, pela análise dos principais fenômenos que aparecem numa instalação elétrica e pelo comportamento de metais perante estes, torna-se de fácil escolha o material mais adequado para cada caso.

2 • FENÔMENOS E PROPRIEDADES

A superfície real e a aparente de contato

Iniciemos a análise supondo que um par de contatos, portanto um contato fixo e um móvel, são encostados entre si, sem que **haja carga ligada** ao sistema ao qual esse par pertence. Estamos, dessa forma, com o circuito de carga aberto, em condições de apreciar o contato de duas **peças sem a influência** da corrente elétrica.

A manobra de fechamento entre duas peças chega ao seu limite no momento em que se dá o contato entre as peças metálicas. Desse momento em diante, estará **a peça móvel** atuando sobre uma certa seção de contato **da peça fixa**. Construtivamente, toda peça se compõe de **uma parte de suporte**, sobre a qual estão colocados, geralmente soldados, pequenos setores destinados **ao contato propriamente dito** (Figura 7.1).

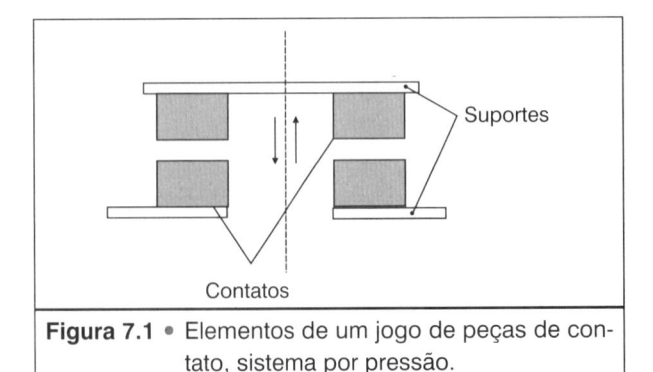

Figura 7.1 • Elementos de um jogo de peças de contato, sistema por pressão.

Considerando para nosso estudo apenas **o setor de contato** propriamente dito, podemos observar que o formato dos mesmos varia grandemente, **desde esférico, cônicos e cilíndricos a planos**, de superfície arredondada ou não. Enquanto num contato esférico, a observação visual permite verificar que o plano real de contato **muito pequeno**, restringindo-se no início teoricamente um ponto apenas, **os contatos planos** aparentemente criam condições muito mais favoráveis, pois a primeira impressão é a de **que toda** a superfície geométrica do contato móvel **está intimamente** sobreposta a superfície geométrica do contato fixo. *Dessa forma, pode parecer que a transferência da corrente elétrica entre uma peça de contato à outra se dá em toda a área geométrica.*

A realidade, entretanto, **é bem diversa**. Primeiramente, a área mecânica de contato A_m, não é idêntica a área geométrica A_g. Além disso, a seção que transfere a corrente elétrica A_e, é apenas uma **pequena parte da** A_m **e, assim, ainda muito menor do que** A_g.

A Figura 7.2 representa esquematicamente a relação entre A_g e A_m pela indicação dos pontos de contato através dos quais se distribui a pressão P que aplicamos. Assim, conclui-se que a diferença entre A_g e A_m deve-se às **irregularidades das superfícies** de contato, fazendo com que apenas alguns pontos dessas superfícies tenham **contato**.

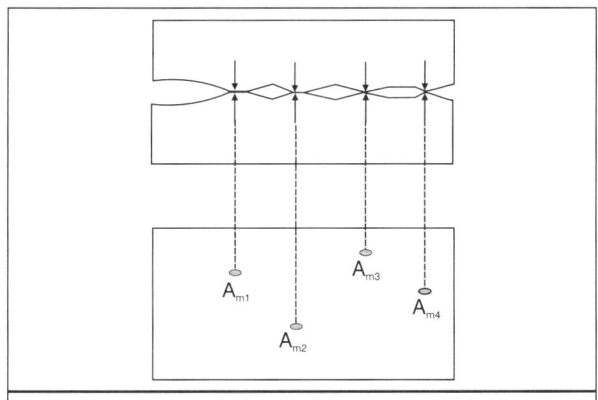

Figura 7.2 • Indicação dos pontos de contato entre duas áreas geométricas (Ag).

Prosseguindo na análise, vejamos a relação entre A_m e A_g. Tomemos um ponto qualquer de contato da Figura 7.2, representando na Figura 7.3, na qual observamos que a seção de transferência **da corrente elétrica**, A_e, **é apenas uma fração da** área A_m.

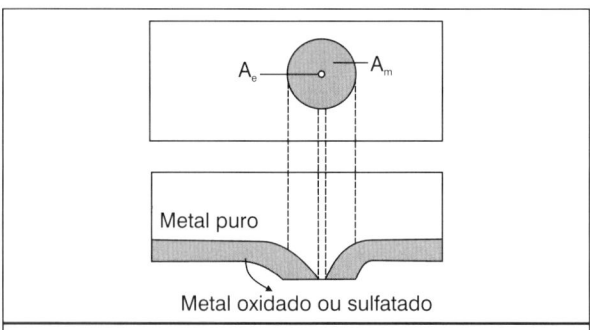

Figura 7.3 • Representação da área mecânica e da elétrica, e a redução de condução pelo óxido.

Tal diferença existe devido **à oxidação** ou sulfatação. De acordo com o comportamento do metal, este sofre a influência **do meio externo**, recobrindo-se com uma camada que não apresenta boas características condutoras. Via de regra, os óxidos têm comportamento semicondutor. Essa camada ficará interposta entre o metal condutor propriamente dito de ambas as peças, com exceção de pequenas áreas em que, pela pressão exercida ou pelo deslocamento dos contatos, a camada é removida. Assim, enquanto as pressões se distribuem sobre as áreas completas de contato, a corrente elétrica circula **apenas** através de A_e, que pode chegar a ser $10^{-4} A_m$ e, portanto, $A_m \gg A_e$.

Do exposto, podemos concluir:

1) **A área geométrica é uma área aparente de contato**.

2) $A_g \gg A_m$.

3) $A_m \gg A_e$.

4) **A pressão** P aplicada sobre a peça de contato móvel **atua sobre a peça de contato** fixo através dos pontos de contato, de área A_{m1}, A_{m2},..., decompondo-se em pressões $P_1, P_2,...,$ em igual número como as áreas mecânicas (Figura 7.4).

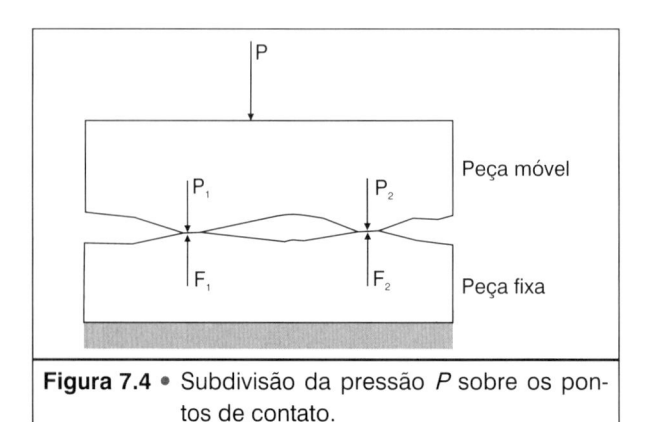

Figura 7.4 • Subdivisão da pressão P sobre os pontos de contato.

5) A corrente elétrica circula apenas pelos pontos da área A_{e1}, A_{e2},..., portanto:

$$A_m = \Sigma \left(A_{m1} + A_{m2} + A_{m3} + ... \right) \tag{25}$$

$$P = \Sigma \left(P_1 + P_2 + P_3 + ... \right) \tag{26}$$

$$A_e = \Sigma \left(A_{e1} + A_{e2} + A_{e3} + ... \right) \tag{27}$$

6) A área de contato é uma função da pressão aplicada e da dureza do material, pois

$$A = \frac{P}{H} \tag{28}$$

onde

A = área;

P = pressão;

H = dureza.

Dessa relação podemos concluir que, com o **aumento** de pressão entre duas peças, aumenta **a área e reduz-se a resistência à passagem da corrente pela relação:**

$$R = \frac{\rho \cdot l}{A} \tag{29}$$

onde

R = resistência;

ρ = resistividade;

l = comprimento;

A = área.

O **aumento da área** pela **elevação da pressão** deve-se ao fato de esta última deformar o material, criando maior número de pontos de contato. Por outro lado, para uma pressão constante, **a área A será tanto maior quanto menor a dureza H.**

A corrente elétrica que circulando inicialmente de modo mais ou menos homogêneo em toda a área do material condutor até a área de contato sofre nesta uma variação no seu deslocamento, que se reproduz por um aumento considerável da densidade de corrente em A_e. Em outras palavras, a seção total condutora, na qual a corrente elétrica se distribui aproximadamente de maneira uniforme até o setor de contato, reduz-se, **aumentando consequentemente a densidade de corrente.** O exposto está representado na **Figura 7.5.**

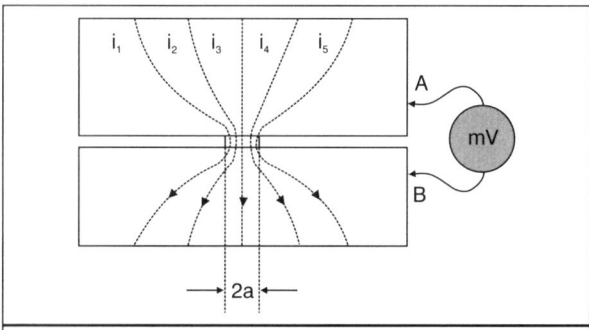

Figura 7.5 • Distribuição das correntes parciais i e sua
concentração nos pontos de contato.

Observe-se que as seções A_e são supostas aproximadamente circulares, sendo seu diâmetro $2a$.

A **resistência de contato**, medida pela queda de tensão entre as pontas *A* e *B*, por meio do milivoltímetro, será alvo de um estudo posterior. Essa resistência eleva **a temperatura dos contatos**, a qual obedece a equação (30) que segue:

$$T_{máx} = \frac{1}{8} \cdot \frac{U^2}{\rho \cdot \lambda},$$

(30)

onde

$T_{máx}$ = temperatura máxima em °C;

U^2 = quadrado da queda de tensão entre as pontas *A e B;*

ρ = resistividade do material;

λ = condutividade térmica.

Pela concentração de linhas numa área relativamente pequena, e dependendo da orientação dessas linhas, **aparecem esforços tendentes** a afastar um contato do outro. Essa força de separação é dada por

$$F_S = 0,5\, I^2$$

(31)

onde

F_s = força de separação dada em N;

I^2 = corrente elétrica em kA.

Conforme foi mencionado, entre os contatos aparece uma determinada queda de tensão (Figura 7.5), que eleva a temperatura.

Outras fontes de aquecimento **são os arcos voltaicos**, que aparecem na fase de interrupção. Apesar de os efeitos térmicos serem estudados com mais detalhes em item posterior, frise-se, neste ponto, que o material deve suportar, **sem alterar** suas características, as temperaturas que atuam sobre as peças. Essa propriedade é a **capacidade térmica**, uma das principais características que devem ser consideradas num material para peças de contato.

Estas são fundamentalmente as considerações, excluindo os efeitos do arco voltaico, o qual sempre aparece quando uma carga está ligada aos contatos. Observando-se um par de contatos em serviço real, aparecem mais considerações. Um par de peças de contato destina-se a executar com segurança a ligação e o desligamento de um ou mais sistemas. Tal função deve ser realizada um número de vezes **suficientemente elevado**, para que o processo industrial dependente dessas peças seja rendoso. A exigência econômica imposta às peças de contato, além do seu preço, prende-se assim à **continuidade**, por um espaço de tempo longo, **de manobras ininterruptas**. Essa exigência é conhecida por **durabilidade ou vida** das peças de contato. A durabilidade depende de diversos fatores, tais como o sistema mecânico de fechamento, a dureza do metal, as condições da corrente de interrupção, a extinção do arco voltaico, o meio que envolve as peças de contato etc., enquanto o número mínimo de manobras que o dispositivo deve realizar é escolhido, sobretudo em função do **tipo de dispositivo**, sejam secionadores, interruptores ou disjuntores. Particularmente, quanto ao número de manobras, em geral são os interruptores os que precisam realizar maior número de operações horárias, principalmente os **contactores** (chaves magnéticas), destinados à automação. Os **secionadores**, como dispositivos de desligamento sem carga, e os **disjuntores** para comando em condições mais desfavoráveis que as normais – corrente de curto-circuito e de elevada sobrecarga – não são geralmente acionados com tanta frequência. Por isso, são principalmente os **contactores** os dispositivos que precisam apresentar a possibilidade de realizar elevado número de manobras horárias – algumas centenas por hora – e milhões de manobras totais, sem que seus componentes apresentem condições adversas.

Para facilidade de compreensão, podemos classificar a durabilidade em dois tipos: a mecânica e a elétrica. Vejamos com detalhes os pontos mais interessantes de cada um desses tipos.

A durabilidade mecânica

A durabilidade mecânica de um sistema resulta imediatamente da verificação do **número de manobras** que as peças são capazes de realizar. Essas peças em dispositivos de comando são de dois tipos: os que conduzem corrente elétrica, portanto as peças de contato, fixas e móveis, e as não condutoras, pertencentes ao mecanismo, aos encaixes, ao invólucro do dispositivo.

No presente estudo, interessa-nos, principalmente, a durabilidade mecânica referente às peças condutoras. A durabilidade destas depende do sistema de ligação empregado, distinguindo-se dois tipos fundamentais: os de contato por deslizamento e os de contato por pressão.

O sistema de **contato por deslizamento**, representado na Figura 7.6, apresenta a particularidade de, no instante do fechamento, efetuar um movimento de deslizamento do contato móvel sobre o fixo, processo esse **destinado a remover** a camada de óxido ou de sulfato, ou senão **de gordura ou umidade** que se formou ou se depositou sobre as peças.

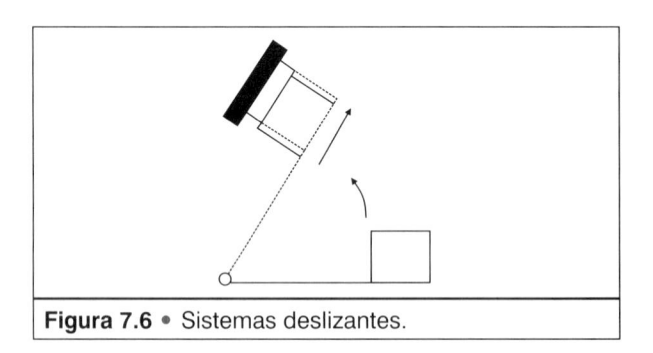

Figura 7.6 • Sistemas deslizantes.

Esse sistema é, assim, imprescindível quando *o material das peças se recobre facilmente com uma camada de característica semicondutora ou isolante.* Apresenta, porém, uma desvantagem grave, que consiste na remoção contínua, em cada manobra, de certa quantidade de metal não oxidado ou não sulfatado. Em outras palavras, o **deslocamento** da peça móvel sobre a fixa não remove apenas a camada de óxido, mas também partes de metal útil em perfeitas condições.

O segundo sistema básico é o **de contato por pressão** (veja Figura 7.1). Nesse caso, o deslocamento do contato móvel é feito num plano perpendicular ao da peça fixa, dando-se, no final, apenas o contato físico pela pressão de um sobre o outro.

Não há, portanto, **um atrito** entre a peça móvel e a fixa como no caso precedente e, como resultado, evita-se a remoção de qualquer material **entre** as duas peças. Disso, conclui-se de imediato que o sistema de **contato por pressão** não pode ser empregado quando o material das peças se **recobre facilmente** com uma camada de elevada resistência elétrica e que deve ser removida para um funcionamento elétrico perfeito. Justifica-se, assim, a sua preferência sempre crescente na técnica moderna, em que os dispositivos de comando com contatos de pressão empregam a **prata** como material de contato.

Se compararmos a durabilidade de dois contatos de condições de funcionamento idênticas, divergindo apenas no sistema mecânico de contato, então poderemos notar que **a durabilidade** de um par de contato de pressão é **muito mais elevada** do que se o contato deslizante. A justificativa reside no fato de que, no primeiro caso, **não há desgaste desnecessário de material**.

Durabilidade elétrica

Sempre que um circuito pelo qual circula a corrente elétrica é interrompido, forma-se **um arco voltaico** entre os contatos fixos e os móveis. Deve-se a existência desse arco à tendência dos elétrons, em movimento, a **manter fechado o circuito**, pois são os mesmos impulsionados pela força eletromotriz da fonte. Dessa forma, a intensidade de arco é uma **função da tensão e da corrente de desligamento**.

O arco voltaico apresenta, no seu setor central, temperaturas da ordem de 6 000 °C (suficientemente elevadas, portanto, para fundir ou mesmo volatilizar o metal dos contatos). Por natureza, o arco se mantém entre dois pontos, um da peça fixa de contato, outro da móvel. Dessa forma, para prevenir a **destruição** das peças de contato por um **fenômeno inevitável**, a técnica lança mão de câmaras de extinção de tipos diversos que deslocam, alongam, subdividem e extinguem o arco, aplicam conjuntos de contato que interrompem o circuito em mais de um ponto e usam metais que suportam e dissipam **adequadamente o arco. Em suma, procura-se reduzir a duração do arco e, durante o tempo de sua permanência**, as peças de contato devem suportar, sem se danificarem, as temperaturas que aparecem.

Vejamos alguns detalhes sobre os **efeitos do arco voltaico**. Durante a permanência do arco, dado volume de material se aquecerá, tendo condições favoráveis à **oxidação ou volatização** do metal.

No primeiro caso, aparecerão os problemas analisados no capítulo de *fenômenos e propriedades*; **no segundo caso**, o *da volatização,* primeiramente se reduzirá a quantidade de metal condutor, aumentando, para dada corrente, a **densidade de corrente** (ampéres por milímetro quadrado) e, consequentemente, o **aquecimento**. Além disso, a volatização **forma crateras** na superfície de contato, que geralmente reduzem o valor da área A_e. *A dissipação do calor* em tempo hábil evita que as peças se fundam ou se oxidem em demasia. Portanto, a influência do calor depende da condutividade térmica **do material** empregado e das condições de troca de calor do local de instalação da peça. Surge assim a importância da **capacidade térmica**, que é a quantidade de energia térmica capaz de liquefazer ou volatizar o metal. Quanto **maior** a capacidade térmica, **maior** a temperatura que este suporta, sem se alterar.

O volume de material que se desloca, devido a **volatização ou fusão**, é uma função **do metal**, do **tempo** que o arco permanece e **da corrente** que circula pelo arco voltaico. A equação que permite calcular esse volume é a seguinte:

$$V = C \int_0^{dt} i\,dt, \tag{32}$$

sendo

V = volume do material deslocado, em milímetros cúbicos;

C = constante do material (sendo C = 0,6 x 10^{-3} mm/As para a prata, C = 3 x 10^{-3} mm/As para o cobre);

i = corrente elétrica de desligamento, em ampères (A);

dt = intervalo de tempo em que o arco se mantém, em segundos (s).

Assim, o volume do material deslocado não é função **da potência** desligada, mas sim diretamente proporcional **à corrente**. O tempo que o arco se mantém é uma **função do meio** em que se desenvolve e das **medidas** tomadas para **extingui-lo**. Essas últimas já foram mencionadas, enquanto o meio geralmente é um dielétrico: ar, vácuo, SF6 ou óleo. De acordo com esses fatores, tem-se observado os fatos expostos a seguir:

1) **Para peças de interrupção no ar**, destinadas a correntes nominais de até 100 A, o fator que mais influi é a **oxidação** resultante do calor do arco voltaico, principalmente em contactores que se destinam a elevado número de manobras horárias. O cobre e suas ligas sofrem rápida oxidação, mas a prata e suas ligas oxidam lentamente. Por isso, **há preferência**, para não dizer necessidade, do uso de contatos de prata em dispositivos de manobra.

2) **Para correntes nominais** com diversas **centenas** de ampères, ou mesmo aquelas que se aproximam da corrente de **curto-circuito**, manobrada no ar, o fator mais importante é a capacidade térmica, já definida, ao **elevado efeito térmico** que aparece. Nesse caso, se o material não suportar durante certo período (dt) as temperaturas, sem se alterar, ocorrerá a fusão do mesmo, permanecendo soldados. É certo que, nesse caso, tornam-se necessárias outras medidas construtivas, principalmente o deslocamento e a extinção rápida do arco por meio de uma câmara de extinção. Observe-se também que os metais de maior dureza não sofrem tanto os efeitos do arco.

   Entre 30 e 90° **Brinell de dureza** se localizam aqueles **de melhor** comportamento. Entretanto, não são exatamente os metais de **mais elevada** capacidade térmica e maior dureza **os melhores condutores**, condição exigida para ser usado em **peças de contato**. Por isso, surgem **as ligas** de cobre e prata para as **condições mais rigorosas**, observando-se que, em ordem decrescente, são os seguintes os metais de elevada capacidade térmica, usados **em ligas dos dois metais supramencionados**: o tungstênio, o molibdênio e o níquel. A seguir, vêm o cobre e, finalmente, a prata. Ligado com a prata, emprega-se **sobretudo tungstênio**. Observe-se que o cobre tem o dobro da capacidade térmica da prata, e o tungstênio o quádruplo.

3) **Problemas diferentes** aparecem quando a interrupção se dá em meio dielétrico líquido, **geralmente em óleo**. Peças de contato, mergulhadas em óleo, apresentam a vantagem de **não** ficarem sob a influência de **gases corrosivos** nem dos efeitos **oxidantes** ou de **sulfatação** do ambiente. Cuidado único deve ser tomado na escolha do óleo, que deve ser **totalmente neutro**. Entretanto, contatos imersos em óleo sofrem uma **destruição** muito mais rápida do que contatos idênticos **manobrados no ar**, pois o arco que se desenvolve no óleo é envolto por **um plasma que dificulta** a dissipação do calor. Dessa forma, partículas de metal **se volatizam**, saltando para dentro do óleo, decompondo-o e unindo-se às lamas do óleo,

produto de baixa rigidez dielétrica. Como resultado, os contatos empregados em dispositivos de manobra em óleo têm de ser fabricados de metal com elevada capacidade térmica. Como consequência, um sistema de interrupção em óleo não deve empregar contatos de prata.

3 • RICOCHETE ENTRE PEÇAS DE CONTATO

Apesar de ser um **fator de ordem construtiva, pois depende das** massas de metal empregadas, **da velocidade e da pressão de fechamento**, o ricochete entre as peças de contato cria condições para **um desgaste** mais acentuado. Cada vez que ligamos um circuito elétrico mediante um dispositivo, as massas das peças móveis chocam-se com as dos contatos fixos e, pela lei de ação e reação, **afastam-se** novamente. Contra esses afastamentos atua a pressão exercida pelo **efeito de mola da peça móvel.**

Cada vez que o contato móvel se choca com o fixo, **fecha-se** o circuito elétrico, **flui uma corrente**, e pela **repulsão**, a separação dá origem a um arco voltaico. Dessa forma, pode-se concluir que, mesmo durante a **fase de fechamento**, os sucessivos arcos que aparecem devido **ao ricochete entre as massas** poderão levar as peças à destruição. Por esse motivo, há necessidade de um dimensionamento aprimorado das massas das peças, que devem ser **as menores possíveis**, assim como de uma velocidade de fechamento também a **menor possível**, além de uma pressão adequada, capaz de reduzir a **um mínimo** o número de repulsões.

O ricochete entre as peças tem, assim, influência direta sobre a durabilidade das peças.

4 • CONCLUSÕES GERAIS SOBRE A DURABILIDADE

A durabilidade de um conjunto de peças de contato, **medida em número de manobras**, depende da corrente manobrada, do material empregado, do número de ricochetes, da capacidade térmica e da dureza do metal. A **durabilidade** das peças varia ainda com **a intermitência de corrente que por elas circula**. Assim, em serviço intermitente (liga-desliga), o número de manobras é dado pela equação

$$X = \frac{A}{1 + \dfrac{C}{100}\left(\dfrac{A}{B} - 1\right)}, \tag{33}$$

onde

X = número de manobras em serviço intermitente;

C = porcentagem de intermitência;

A = durabilidade dos contatos com corrente nominal;

B = durabilidade dos contatos em serviço intermitente puro.

Nota. Os valores A e B são dados pelo fabricante.

Correlacionam-se, por outro lado, o número de manobras com a resistência de contato e com a corrente de desligamento, conforme as Figuras 7.7 e 7.8.

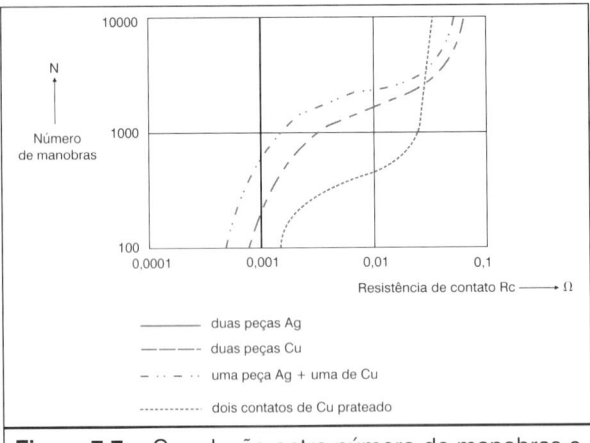

Figura 7.7 • Correlação entre número de manobras e Rc.

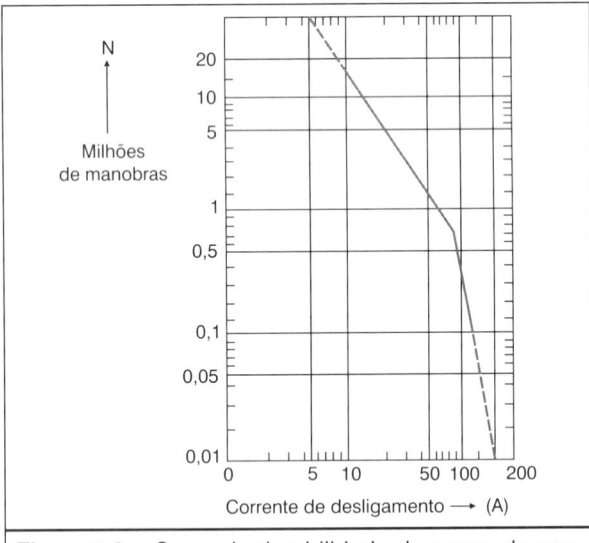

Figura 7.8 • Curva de durabilidade de peças de contato de prata, para contatos de 20 A.

5 • A RESISTÊNCIA DE CONTATO E A INFLUÊNCIA DA TEMPERATURA

Vimos que a seção geométrica de uma peça conduz, de modo uniforme, a corrente até a área de contato. No setor de transferência de corrente, entretanto, a área geométrica A_g se reduz a uma área elétrica A_e, dando-se o contato apenas em alguns pontos. Essa redução de área útil cria modificações de condução de corrente, elevando a temperatura do sistema. Esse calor é consequência do aumento da **resistência elétrica**, a qual é representada pela resistência de contato R_c, somatória da resistência da camada de óxido ou sulfato R_{os}, e da resistência devido à seção reduzida R_r.

A análise desses contatos permitiu observar que, com aumento da corrente circulante, o valor de R_c diminui. Tal fato ocorre porque **óxidos e sulfatos** metálicos semelhantes aos semicondutores têm **característica negativa de resistividade**.

Tanto o cálculo de R_r como o de R_{os} têm-se baseado sobretudo em fórmulas empíricas práticas, devido à irregularidade das seções de contato, do tipo de camada separadora e de sua espessura. Assim,

$$R_r = \frac{\rho}{2a}(\mu\Omega), \tag{34}$$

onde

ρ = resistividade, em $\Omega.mm^2/m$;

$2a$ = diâmetro da seção de contato, suposta circular, conforme é indicado na Figura 7.12.

Para o caso particular **da prata**, outra fórmula prática é recomendada, a saber

$$R_r = 0,2 \times \frac{10^{-3}}{P} + 5 \times 10^{-6}(\mu\Omega), \tag{35}$$

sendo P a pressão em quilograma-força, relação que pode ser representada graficamente como na Figura 7.9. Para uma escala em newtons, lembrar: 1 kg f = 9,8 N.

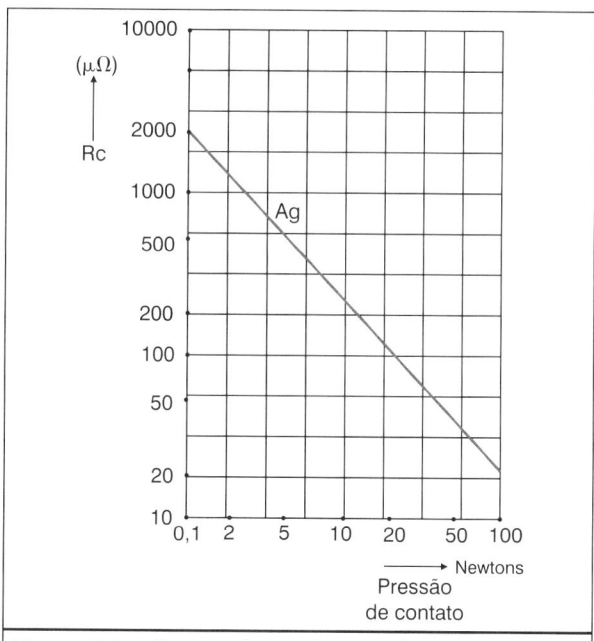

Figura 7.9 • Característica da resistência de contato, em função da pressão em peças de prata.

Essa resistência é a que existe, com os contatos limpos, sem oxidação, sulfatação ou qualquer outra camada. A resistência R_{os} depende da espessura da camada e da sua resistividade própria, devido ao tipo de óxido ou de sulfato. Essa resistência é dada por

$$R_{OS} = \frac{K}{a^2 \times \pi},\qquad(36)$$

onde

K = constante de oxidação ou sulfatação,

a = raio da seção do contato.

A equação para o cálculo de R_r, na Equação 34, é indicada de forma bastante elementar, podendo, assim, surgir erros acentuados nas determinações individuais. Além disso, a determinação de R_c interessa normalmente em conjunto e não individualmente por componente. **Por isso, segue a fórmula** da Equação 37, também **empírica**, que nos valores K e α, incorpora todos os fatores que influem sobre R_c

$$R_c = 10\, KP^{-\alpha}\qquad(37)$$

sendo K e α = constantes do material;

P = pressão em newtons.

Essa equação, colocada em um gráfico de eixos logarítmicos, origina uma reta.

As resistências conduzem a uma elevação de temperatura das peças de contato, pela lei de Joule (I^2R), com o que o material sofre transformações, como por exemplo, rápida oxidação, chegando no seu limite às temperaturas de fusão ou volatização. Por essas razões, **recomenda-se que a elevação de temperatura em peças de cobre** não ultrapasse 35 °C, acima da do ambiente de 25 °C, enquanto nas **de prata** podem chegar a 70 °C. A maior temperatura de serviço, permitida em peças de prata, **eleva** a densidade de corrente admissível e, em consequência oferece melhor aproveitamento do material.

Em relação **aos contatos de cobre**, este material apresenta, com a elevação de temperatura, a formação **de sais** de cobre e, **quando imerso** em óleo, a reação desse líquido dielétrico com o cobre aumenta a acidez. Da formação de sais redunda uma nova elevação de temperatura, repetindo-se o ciclo, com aumento contínuo da temperatura interna. A influência da **temperatura** sobre a **resistência de contato** R_c' sob certas pressões tem sido alvo de numerosos ensaios. As Figuras 7.10 e 7.11 apresentam os resultados desses ensaios, nas condições térmicas indicadas.

Valem, para essas figuras, as características das curvas a seguir, referidas aos contatos de cobre.

Curva 1. Peças de contato, com uma camada de óxido de cobre(CuO_2) de 15 µm.

Curva 2. Peças oxidadas, com camadas de espessura variável.

Curva 3. Peças sem óxidos (limpas).

Curva 4. Peças de cobre com recobrimento de 15 µm de prata.

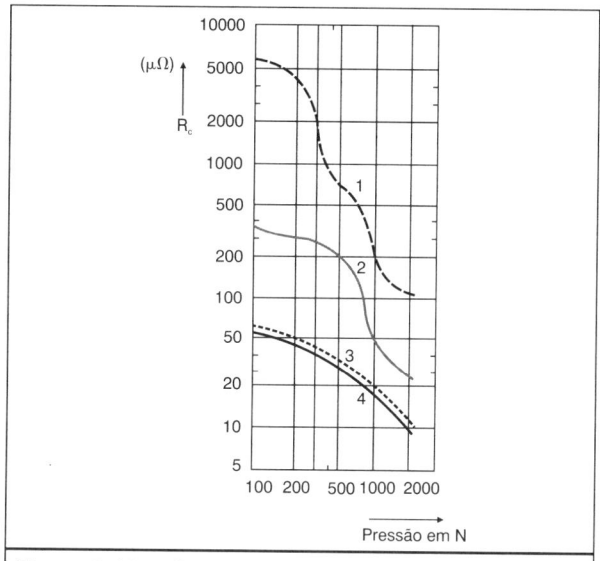

Figura 7.10 • Curva de Rc, em função da pressão a 200 °C de contatos de cobre.

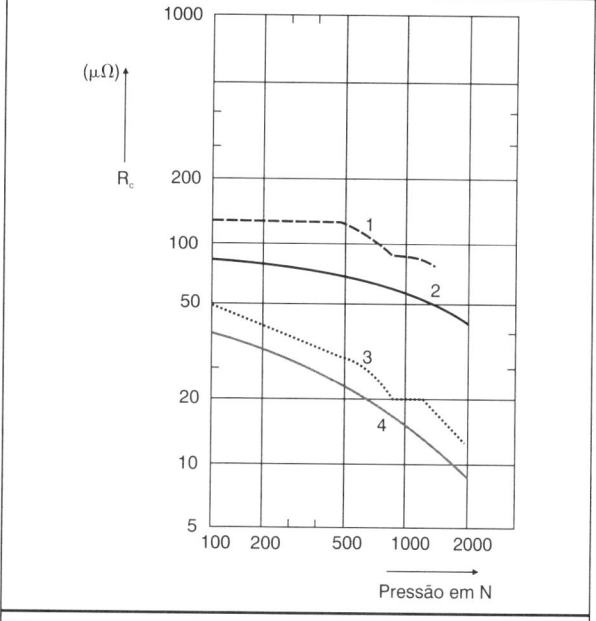

Figura 7.11 • Característica de Rc, em função da pressão a 70 °C com contatos de cobre.

Diretamente nas peças de contato, a distribuição térmica obedece a uma variação como a indicada na Figura 7.12, construída em função do raio a da seção de contato, supondo-se uma distribuição uniforme de corrente.

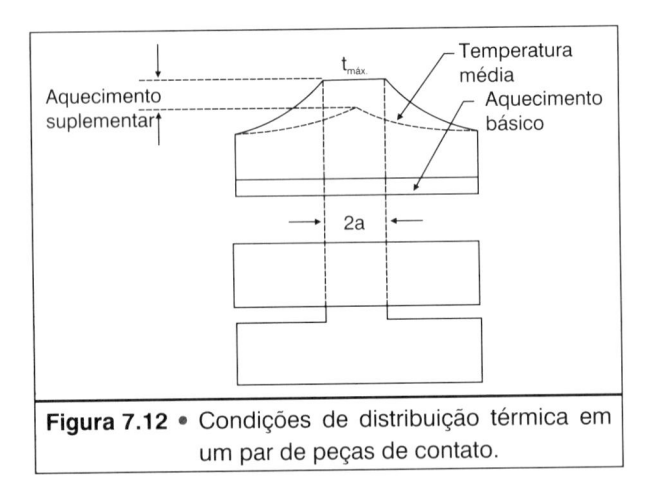

Figura 7.12 • Condições de distribuição térmica em um par de peças de contato.

Podemos notar, assim, que a curva se **horizontaliza**, para um valor de temperatura que a peça apresenta **em toda sua extensão**. Como a **maior temperatura** é devida **à maior concentração** de ampères da menor seção, **maior é a queda de tensão** na passagem de uma peça de contato à outra.

Outra comparação interessante pode ser feita entre **a resistência de contato de prata pura e a de cobre prateado**, também em função **da pressão**, a diversas temperaturas, tal como mostra a Figura 7.13.

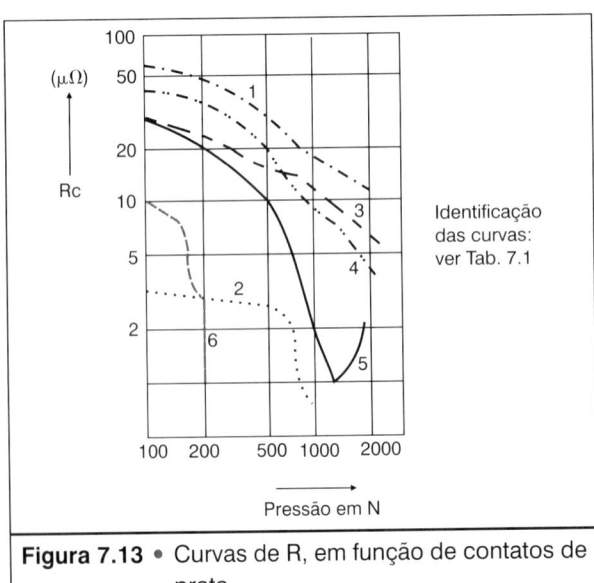

Figura 7.13 • Curvas de R, em função de contatos de prata.

Tabela 7.1 • Valores típicos de peças de contato, referentes à Figura 7.13.		
Curva n.	**Tipo de peça de contato**	**Temperatura (°C)**
1	Cobre com 15 μm de Ag	0
2		800
3	Prata	0
4		200
5		500
6		800

6 • CONCLUSÕES GERAIS DE APLICAÇÃO

Pelas considerações feitas nos capítulos precedentes, podemos observar que **cada material** tem seu **setor definido de aplicação**, em que, apesar de algumas desvantagens, as **características principais o recomendam**.

Podemos concluir, ainda, que, para o vasto setor de aplicação de dispositivos de comando para fins industriais, ou telecomunicações, **os contatos de prata e suas ligas levam nítida vantagem sobre o cobre**. O uso da prata tem-se difundido, por esse motivo, em todos os produtos de qualidade, garantindo **segurança** de manobra, elevado **número de operações** e pequena **manutenção**. Em outros casos, em que a capacidade térmica necessária exigiu a substituição de peças de **prata**, tem-se preferido a peça de **cobre** recoberta com uma camada de **prata** de espessura variável. Pode-se, dessa maneira, reunir a proteção contra a **oxidação** da prata e a consequente baixa resistência de contato com a de um material também bom condutor, porém com o **dobro** da capacidade térmica. Em outros casos, em vez de um **recobrimento**, tem-se aplicado ligas de prata, com ótimos resultados.

No parágrafo anterior, foram apresentadas diversas curvas para as condições de **temperatura constante em pressão constante**. Realmente, essas condições, principalmente a última, não podem ser facilmente **mantidas**, pois, com o **desgaste**, as pressões variam continuamente. Entretanto, as curvas permitem observar **a influência** dos fatores externos – no caso, a **oxidação** – e do **preparo** específico das peças – como **a prateação**. Com relação a esta última, as Figuras 7.10 e 7.11, para o caso de contatos simétricos, apresentam uma comparação interessante entre contatos **de cobre, de prata** e de **cobre prateado**, a espessuras diversas de prateação e em duas **temperaturas** distintas. Das curvas indicadas é interessante observar o que segue:

1) Que a variação entre R_c e P não é linear; obedece, porém, ao desenvolvimento geral de que quanto maior P, menor R_c.

2) Que a resistência de contato de uma peça de cobre oxidado se reduz à centésima parte, ao remover essa camada de óxido.

3) Que a curva da peça de **cobre puro**, sem óxido, é bem semelhante à curva da peça de **cobre prateado**.

4) Que com aumento de temperatura, a baixas pressões, os valores se reduzem nos contatos de cobre oxidados; ao contrário, elevam-se as resistências de contato do cobre puro e do cobre prateado.

5) Mantendo-se a pressão constante, a variação entre R_c e a temperatura T é irregular. Ainda na curva, Figura 7.13, que se refere às peças de contato de cobre oxidadas, pela escolha de níveis de pressão mais elevados, reduz-se a resistência de contato, enquanto para a prata ocorre exatamente o contrário, acima de 1 000 N.

6) Que, nas curvas da Figura 7.13, pode-se observar nitidamente a influência da prata como material de vantajosas propriedades.

7) O problema da oxidação, que praticamente influi sobre todo metal, é, de um lado, reduzido nos contatos de prata; de outro lado, ocorre entre 200 e 300 °C, a retransformação do óxido de prata em prata pura, mantendo-se baixos os valores de R_c. Observe que as temperaturas indicadas ocorrem facilmente entre as peças de contato durante o funcionamento. Além dessa retransformação, a parte de prata que volatiza ao se precipitar, o faz em forma de prata pura, sendo novamente aproveitada como material condutor. Essa propriedade é aproveitada da melhor maneira, construindo-se as peças de contato com grande superfície. O fenômeno de retransformação não ocorre, em condições idênticas, com outros metais.

O resultado das observações feitas se reproduz no final, com um desgaste cinco vezes menor do contato de prata em relação ao do cobre, para os casos das correntes até algumas centenas de ampères.

A Tabela 7.2 apresenta o quadro comparativo de algumas das propriedades do cobre e da prata, como os principais materiais empregados em peças de contato.

Tabela 7.2 • Comparação entre cobre e prata.			
Característica	**Unidades**	**Cobre**	**Prata**
Ponto de fusão	°C	1084	960
Ponto de volatização	°C	2360	1980
Densidade	g/cm³	8,9	10,50
Condutividade	m/Ω.mm²	58	62,5

7 • MATÉRIAS-PRIMAS E SEUS CRITÉRIOS DE ESCOLHA

Uma matéria-prima que deve ser usada em peças de contato deve ter uma adequada condutividade e algumas propriedades especiais, além de um comportamento adequado perante o arco voltaico. Deve ter também reduzida tendência à oxidação e uma suficiente estabilidade química perante outras matérias-primas.

Perante a ação do arco voltaico o material deve ter **elevado ponto** de **fusão, pequena** tendência à soldagem, **elevada** resistência à queima **e pequena** tendência à volatização, caso contrário, poderá haver transferência de material de um contato ao outro, prejudicando a passagem da corrente. Esse problema é tanto **mais** crítico quanto **menor** a corrente e a tensão nominais, como no caso das telecomunicações. Já para aplicações, com **correntes mais elevadas**, o arco voltaico pode ser o **fator crítico** que vai definir a durabilidade das peças e a qualidade da operação das peças. Perante um arco, porções de matéria podem ser transferidas de uma peça (por exemplo, catodo) para a outra (por exemplo anodo). Essa orientação, entretanto, pode **ser inversa**, como no caso da prata. A corrente máxima que pode ser comandada sem arco depende do material em uso.

Nos pontos de contato entre as peças que se aquecem em serviço, temos pequenos volumes de material que podem atingir sua fusão, material esse que, na abertura, fica preso no contato mais frio formando pontas, enquanto no mais quente resultam crateras.

Outras características necessárias são as de uma **suficiente resistência mecânica e dureza**. Isso leva a permitir o uso de metais não nobres, tais como o cobre, latão, bronze, e sempre que peças de contato são construídas seguindo o processo de **deslizamento**, seguido de pressão elevada. Sendo apenas **de pressão**, é necessário o uso de metais nobres e suas ligas.

No caso de telecomunicações, as pressões existentes podem não ser **suficientes** para remover a camada de óxido que se forma, dificultando o funcionamento do circuito a que pertencem. Essas camadas podem também dar origem a muitos fatores indesejáveis. Nesse caso, é necessário o uso de rebites de metais **nobres**, soldados sobre peças de **cobre, bronze** etc. Destaca-se, nesse particular, **a prata**, que porém é bastante sensível à ação **de enxofre**, formando uma camada marrom, **não condutora**, de sulfato de enxofre. Se a dureza da prata for insuficiente, pode-se usar uma liga **de prata com paládio** (Pd), ou **níquel** (Ni), ou **platina** (Pt), ou **irídio** (Ir) ou **tungstênio** (W).

A escolha das porcentagens e dos metais é bastante condicionada ao preço, pois alguns dos mencionados (platina, por exemplo) têm preço elevado.

Além do processo de fabricação de peças de contato através do uso de rebites de metais mais adequados (nobres) e do uso de ligas adequadas, muitas vezes a solução é encontrada na **sinterização** de metais, notadamente quando as temperaturas de fusão dos metais necessários ao caso **são tão diferentes**, que não é possível se obter uma liga metálica. Nesse caso, passa-se à **compactação** dos metais escolhidos, perante condições de pressão e de temperatura específicas, sendo os grãos **agregados** por matérias-primas adequadas.

Para atender às condições elétricas bastante rígidas e rigorosas impostas pela utilização eletrotécnica, em particular sua durabilidade e resistência de contato, os materiais utilizados em sua construção devem ser especiais. Nesse caso, a solução sempre tende ao uso de metais nobres ou de suas ligas (ambas de preço elevado), ou de tungstênio, que porém é de difícil moldagem. Também não se deve deixar de lado o fato de que uma peça de contato que apresenta um adequado comportamento em serviço deve ser construída, com um material adequado, além de formato e acionamento apropriados. Como as condições elétricas e de uso são bastante variáveis, resultam daí uma série bastante grande de tipos e formatos de peças de contato.

Tipos de peças de contato

Face à grande variedade de usos, são encontrados predominantemente os **seguintes tipos** de peças de contato:

1) *Peças de contato com pastilhas* – O contato mais simples é a pastilha soldada sobre uma base. Esse tipo é o que predomina em grande parte das aplicações em que a potência a ser comandada é **relativamente elevada** e onde os metais usados permitem uma moldagem ou deformação fáceis; é o caso em que são **usados a prata, o paládio, o ouro e a platina**, e suas ligas. Nota-se, entretanto, que uma pastilha tem um volume de material relativamente elevado em comparação com a superfície elétrica útil de passagem da corrente. Essa superfície pode ser adequadamente ampliada através de **um nervuramento**, com o que se **elevam os pontos de contato**, evitando-se a concentração da corrente em alguns poucos pontos.

Uma segunda solução que se segue é a do uso de pastilhas, porém já não mais fabricados de um metal ou liga metálica, na forma maciça, mas sim com **um recobrimento** metálico por um metal nobre sobre um outro menos nobre, também com características adequadas. Como exemplo frequente têm-se contatos de **cobre com recobrimento de prata**. Nessa solução, entretanto, ocorrem, às vezes, dificuldades na soldagem dessa associação de dois metais, pois, para uma temperatura normal de soldagem da ordem de 600 °C, alguns dos metais mais indicados eletricamente já se tornam **quebradiços**, o que dificulta o seu uso. Esse problema é particularmente grave quando a peça de contato, após a soldagem da pastilha, ainda deve ser deformada e eventualmente apresentar efeitos mecânicos de compressão (efeito de mola), em uso normal. Nesse caso, se é obrigado a recorrer a ligas mais caras, como a de **cobre-berílio ou cobre-cromo**, que são menos afetadas em suas propriedades mecânicas.

Nota-se, assim, que o processo de construção de peças de contato que usam pastilhas soldadas apresenta uma notória limitação de uso. Surgiram, assim, outras formas apropriadas para diversos casos existentes, cuja análise segue.

2) *Peças de contato com soldagem por ponto* – A solda por ponto é um processo que requer menos calorias do que a soldagem convencional de pastilhas, reduzindo assim o risco de uma **modificação** dos metais envolvidos. O uso desse

processo fica praticamente **restrito** a pequenas peças de contato **de liga de Pt ou Pd**. Desejando-se usar esse processo para peças maiores, é necessário aplicar uma refrigeração externa.

Dando-se uma configuração adequada, a peça de contato pode também **ter efeito de mola**. Nas aplicações elétricas, por exemplo, para fabricar escovas de **grafita e cobre**, os agregantes são: estanho, chumbo e zinco, que podem estar presentes numa porcentagem de até 10%.

Outro grupo de materiais **sinterizados** é encontrado onde metais em pó com elevado ponto de fusão, como o tungstênio ou o molibdênio, têm como aglomerante o cobre ou a prata. O metal mais duro **sofre pequeno** desgaste por atrito, enquanto os mais moles **têm baixa** oxidação e **elevada** condutividade elétrica e térmica.

Capítulo 8

Peças de contato de carvão para fins elétricos

O carvão, ao contrário dos metais em geral, apresenta uma variação de ρ **inversamente proporcional** à temperatura. A matéria-prima básica costuma ser a grafita natural ou o antracito, que é reduzido a pó e prensado na forma desejada contando com o acréscimo de um **aglomerante**. As peças compactadas são em seguida tratadas termicamente; se as temperaturas forem elevadas, o carvão passa à **grafita**. O processo se chama **grafitização**, que ocorre a aproximadamente 2 200 °C ou mais.

Peças de carvão são utilizadas eletricamente em:

a) **peças de contatos**;

b) **escovas coletoras** – distinguem-se os seguintes tipos:

- escovas de carvão-grafita;
- escovas de grafita;
- escovas eletrografitadas;
- escovas cobre-grafita;
- escovas bronze-grafita.

Destas, as escovas de cobre-grafita e de bronze-grafita são as que apresentam a menor resistência elétrica, dando origem a uma pequena queda de tensão entre o coletor e a saída do porta-escova. As características médias destas escovas estão na Tabela 8.1. A porcentagem de cobre é limitada pelo grau de dureza desejado, comparado com a dureza do coletor ou comutador.

Quanto as peças de contato, estas têm, entre outros problemas, o do arco voltaico que se forma entre elas no instante da abertura. Em casos de **faiscamentos** muito intensos, podemos nos valer das favoráveis características térmicas do carbono, para a construção das peças, o que representa uma **técnica não muito frequente**, mas que tem seu setor de aplicação.

Tabela 8.1 • Dados técnicos de escovas elétricas (valores médios).			
Tipo	Densidade de corrente admissível (A/mm^2)	Velocidade admitida do rotor (m/s)	Resistiv. elétrica $(\Omega.mm^2/m)$
Carvão-grafítico	7	10-15	20-60
Grafítico	9	10-25	10-50
Eletrografítico	10	25-45	10-60
Cobre-grafítico	10-20	15-25	0,05-10
Bronze-grafítico	20	20	0,5-1,0

1 • OUTRAS APLICAÇÕES DO CARVÃO

- **Em microfones de carvão**: usa-se geralmente a antracita. A resistência do pó de carvão depende do tamanho do grão, do tratamento térmico e da compactação do pó.

- **Em resistores sem fio**: seu uso é bastante amplo na eletrônica e nas telecomunicações, e na técnica de medição e em alguns casos eletrotécnicos especiais. Esses resistores se caracterizam por não variarem acentuadamente com a tensão e não mudam suas características perante temperaturas e umidades elevadas.

  O carvão é ainda encontrado em diversos semicondutores em que sua característica de variação ρ, na ordem inversa da temperatura ou de outra grandeza, é razão do seu emprego.

  Os semicondutores serão abordados no capítulo seguinte.

ATENÇÃO: Em volumes separados, sob o título "Materiais elétricos – aplicações", o leitor encontra mais informações em componentes e equipamentos de uso diário.

Tabela 8.2 • Características de metais condutores.

Metal	Resistência à tração (kgf/mm²)	Alongamentos %	Peso específico a 20°C (g/cm³)	Temperatura de fusão (°C)	Temperatura de evaporação (°C)	Coeficiente de temperatura da resistência α_T a 20 °C (1/°C) x 10^{-3}	Resistividade a 20 °C ($\Omega.mm^2/m$)
Cobre	fundido – 1,5 a 2,0	35-40					0,0169
	laminado e recozido – 2,0 a 2,6	35-40	8,3 a 8,9	1083	2360	3,82-4,30	0,0179
	encruado – 3,5 a 4,5	2-6					0,0182
Alumínio	recozido – 0,35-0,6	40-50	2,7	658	2270	4,20 a 4,30	0,0262
	encruado – 1,1-1,3	4 a 5					0,0295
Chumbo	0,16	55	11,4	327	1560	4,10	0,20 a 0,22
Estanho	0,15-0,40	–	7,3 a 7,8	232	2360	4,40	0,114
Prata	1,6-3,0	50	10,5	960	1918	3,60 a 4,00	0,0162
Ouro	2,7	–	19,3	1063	2700	3,70	0,021-0,024
Platina	2,0-4,0	3-45	21,4	1773	4300	30,7	0,10
Mercúrio	–	–	13,55	solidif. – 39	357	0,9	0,95-0,96
Zinco	0,3-3,6	0,5 a 50	7,14	419	900	3,5 a 4,7	0,06
Cádmio	0,6	–	8,6	321	767	–	–
Níquel	4,0-4,5	25 a 30	8,9	1450	3147	5 a 6	0,07-0,09
Cromo	–	$100-10^{-7}$	7,2	1920	2660	–	0,7-0,8
Tungstênio	40	1-4	19-20	3400	5000-6000	5,2	0,05-0,06
Mobidênio	18-20	2-5	10,2	2630	3600	4,8	0,0477

Capítulo 9

Características principais dos semicondutores

Baseado na física dos semicondutores, é objetivo deste capítulo uma análise **dos principais materiais usados nesses componentes**. Vamos, portanto, verificar de que modo **a física do estado sólido** é aplicada aos semicondutores.

1 • PRINCIPAIS FENÔMENOS SEMICONDUTORES

Seria fácil definir o termo *semicondutor* se este se caracterizasse apenas por uma *semicondutância* intermediária entre os condutores e os isolantes. Na realidade, o valor numérico da condutividade é uma característica clara intermediária entre condutores e isolantes, mas de modo algum define o comportamento funcional dos materiais e ligas pertencentes a esse grupo. Pode-se até considerar o valor numérico da resistividade do semicondutor como um **critério falho**, além de **insuficiente**, pois podemos obter misturas de materiais que atendem a esse valor numérico, mas que não têm *comportamento semicondutor*.

Seguindo uma sequência normal de determinação de características, vamos verificar a correlação entre a **condutividade** e a **variação de temperatura**. Sob esse aspecto, o semicondutor apresenta, em geral, **coeficiente de temperatura negativo** dentro de uma determinada faixa de valores. Ao contrário do que ocorre nos metais, nos semicondutores o número de elétrons em deslocamento não é constante, variando esse valor com a temperatura, em razão exponencial.

Designando-se por n as partículas em deslocamento, **a condutividade** será proporcional a n. Sendo T a temperatura, observa-se uma proporcionalidade entre n e l/T; ocorrendo num dado material essa correlação, têm-se um indício bastante seguro de que o material é semicondutor. A **expressão matemática** que relaciona essas grandezas é

$$n = f\left(n_0\right) exp. - \frac{\varepsilon}{2kT}$$
(38)

O significado prático da expressão (38) é que os elétrons, sob a ação de uma energia *E*, são libertados de uma posição inicial **antes de participarem** do fenômeno de condutividade elétrica. Esse fornecimento de energia pode ser de **diferentes origens**, ou seja **a térmica, a luminosa** e outras, movendo-se sua grandeza no caso mais crítico em torno de alguns eV (elétrons-volt). Como se pode verificar, **alguns eV são equivalentes a uma energia térmica** bastante elevada, enquanto os comprimentos de onda necessários **à energia radiante** se encontram na faixa do espectro **visível**. Isso tem como consequência o fato de que alguns semicondutores apresentam **sensível variação** de condutividade se expostos à variação de radiação luminosa. Esse fenômeno é conhecido como *fotocondutividade,* o que também é uma típica característica semicondutora.

Do mesmo modo como os **elétrons absorvem** energia luminosa, o fornecimento ou a liberação de energia podem ser acompanhados de **emissão luminosa**. Os processos de emissão e de **absorção** em semicondutores e em materiais à base de **fósforo** (chamados de **fosforescentes** e que são típicos emissores de luz) lembram a existência de **processos semelhantes em átomos** individuais, apresentando uma **diferença prática** no sentido de que, em corpos sólidos, os átomos estão muito próximos entre si, ocorrendo consequentemente **uma grande interação entre eles**. Detalhes sobre as razões estruturais destes fenômenos são estudados na Física do Estado Sólido, dando origem, entre outros, ao **aparecimento** de diversas possibilidades de **deslocamentos ou transmissões** de elétrons não acompanhados de radiações de um nível de energia para o outro. Deveria-se supor que as características de luminiscência de corpos sólidos são definidas pela estrutura. A prática demonstra, porém, que o cristal precisa ser geralmente "ativado" pelo acréscimo de átomos **externos**, que assim são "perturbações" dentro de um sistema cristalino normal, tornando-se capaz de **emitir luz**. Em alguns casos, a **luminiscência** obtida por meio de um dado "ativador" é um fator **mais** característico que a própria estrutura cristalina.

A **condutividade elétrica** de um semicondutor é sensivelmente influenciada também por eventuais **perturbações** da estrutura cristalina, o que, por sua vez, tem fundamental importância nos **próprios processos de fabricação** de semicondutores. Tais perturbações podem ser provocadas tanto **por irregularidades** na estrutura cristalina quanto, e sobretudo, pela **presença proposital ou acidental** de impurezas. Esse grau de pureza deve atingir a **níveis superiores** a 10^{-4} impurezas por átomo de metal de base, o que bem demonstra a elevada tecnologia necessária na **fabricação** desses componentes.

Mais dois efeitos devem ser lembrados, que também têm influência bem maior nos semicondutores do que em outros grupos de materiais, quais sejam o efeito termoelétrico e o efeito **Hall**.

Já estudamos no capítulo dos materiais condutores o que é o efeito *termoelétrico,* simplificadamente representado pelo aparecimento de uma **diferença de**

potencial no ponto de contato entre dois metais diferentes se esse ponto de conta-to sofrer uma variação de temperatura. É medido assim, **em volts/grau centígrado**.

O efeito Hall consiste no fenômeno segundo o qual, perante a presença de um campo magnético dirigido perpendicularmente a um condutor, pelo qual circula corrente, aparece uma diferença de potencial nas faces opostas à cir-culação da corrente. A Figura 5.5 demonstra o fenômeno. Para dada orientação de corrente e campo magnético, o sentido da força eletromotriz que assim aparece – **a tensão de Hall** –, vai depender da polaridade das cargas presentes. Esse comentário quanto à **orientação** é válido também para o **efeito termoelétrico**.

Portanto, se os efeitos podem ter sinais de orientação (– ou +) diferentes, isso significa que nos semicondutores não se manifesta apenas a **condutividade resultante** do deslocamento dos elétrons perante condutividade eletrônica, que é considerada *normal,* mas também outros portadores de carga podem originar os efeitos.

Conforme já sabemos, os **portadores de carga** podem ser eletronegativos –, particularmente **os elétrons**, e que são abreviadamente indicados **por** n, ou senão podem ser eletropositivos – **as lacunas**, e que são representadas **por** p. Vale ob-servar, neste ponto, que as lacunas não são propriamente cargas positivas, mas an-tes, por apresentarem locais abandonados pelos elétrons, são locais vazios que, por não serem **mais negativos**, se comportam como se **fossem positivos**.

Devido à grande importância que representam nesses materiais a pureza e a estrutura, convém fazer uma análise geral do relacionamento teórico existente entre diversos fatos. O conhecimento de alguns aspectos e de conceito físicos ajudará também ao entendimento de certos aspectos **químicos**, efetuando-se pontos de ligação entre a **condutividade elétrica** e a **ligação química** dos elemen-tos. Essas considerações, por sua vez, devem ser associadas aos conhecimentos físicos analisados na primeira parte deste livro.

Vejamos inicialmente os elétrons de valência – tomando como exemplo o ger-mânio, em número de **quatro** que, por sua vez, em pares, se combinam, um a um, com elétrons de valência de outros **quatro** átomos de germânio. Se, a esse corpo de germânio puro acrescentamos **átomos de valência III**, ou seja, que têm **três** elétrons de valência, como é o caso de B, Al, Ga, In e outros, **um dos elétrons de** Ge ficará sem **ligação dupla**. Essa **lacuna**, que assim se apresenta, poderá ser preenchida por elétrons de um átomo vizinho, abrindo-se consequentemente **uma lacuna** nesse átomo, e assim subsequentemente. Tais deslocamentos dão origem a um movimento de lacunas, permanecendo uma falta de elétrons e, consequente-mente, **uma falta de cargas negativas**, e o corpo é chamado de **eletropositivo ou** p.

Se ao contrário, acrescentarmos ao material **de valência IV** (4 elétrons de valência) alguns átomos de **valência V**, apenas quatro desses cinco elétrons da valência **se associarão** ao material de valência IV, havendo, consequentemente, sobra de um elétron por átomo acrescentado. **Esse excesso de cargas negativas,** classifica o corpo como **eletronegativo, representado por** n.

Se agora analisarmos não apenas alguns átomos, mas observarmos toda a estrutura, poderemos matematicamente demonstrar que a estrutura cristalina apresenta seus átomos individuais possuidores de **níveis de energia bem definidos**, que são a base da análise física feita inicialmente.

Resulta, assim, que os semicondutores no seu estado fundamental apresentam *camadas totalmente* ocupadas ou, em níveis de energia **mais** elevados, total ausência de cargas, e, com isso, condutividade **nula**. A modificação desse estado fundamental pode ser obtida **pelos três meios** vistos a seguir:

a) **Por meio de uma perturbação da estrutura**, eleva-se o nível de energia dos elétrons, fazendo com que certas quantidades dos mesmos passe a ocupar uma camada (ou banda) antes livre. Seria um caso de **condutividade negativa** *(n)*.

b) **Ainda por perturbação estrutural**, é deslocado um elétron que assim abre uma **lacuna**. A condutividade passa a **ser positiva (p)**.

c) **Perante um suficiente acréscimo de energia**, um elétron é deslocado, estabelecendo-se simultaneamente a condutividade p e n. Como nesse caso não ocorre perturbação estrutural, fala-se de **condutividade intrínseca**.

Definem-se, assim, os conceitos de **receptores, doadores, camada condutora e camada proibida**, já antes abordados. As lacunas que assim se formam terão uma influência que vai variar com a sua posição dentro dos níveis de energia.

Conforme já observamos, podemos encontrar nos semicondutores simultaneamente **elétrons condutores** e **lacunas**. O que estiver presente em menor número, recebe o nome de *portador minoritário de cargas*. Elétrons e lacunas em sequência se recombinam com o tempo, de modo que a vida dos portadores minoritários tem duração limitada, variável com o tipo de material e extremamente importante **para as aplicações práticas**.

A análise do comportamento energético de um semicondutor poderia, em princípio, ser encarado sob ponto de vista puramente **físico**; entretanto, esse comportamento poderá ser muito importante nos **estudos químicos** do material. Assim, os semicondutores de InSb, CdTe e outros se cristalizam segundo o sistema de cristalização **típico** do diamante, apresentando para cada célula elementar o mesmo número de elétrons. Apesar disso, diferenciam-se sensivelmente quanto às suas propriedades elétricas. Se procurarmos analisar esses materiais segundo seus **níveis de energia** e de **potencial**, vamos observar que a variação do potencial se apresenta segundo **uma lei periódica**, cujo período depende do tipo de átomo.

No caso do diamante, os limites desses períodos têm a mesma **amplitude**. Por outro lado, a periodicidade dos potenciais está numa **estreita correlação** com a **capacidade de ligação química**. Esses períodos são consequência de uma estrutura química **homopolar** ou heteropolar, resultando daí a seguinte conclusão: elevando-se a **heteropolaridade**, aumenta a distância entre os limites **dos níveis de energia**, reduzindo-se a mobilidade **das lacunas**. Ainda, a mobilidade dos elétrons tem uma limitação natural, de modo que a *condutividade eletrônica (n ou p)* perde seu valor, podendo eventualmente vir a predominar uma *condutividade iônica* que esteja presente.

Temos, assim, que um semicondutor eletrônico se caracteriza **quimicamente por ligações homopolares**, bastando, para tanto, que sejam homopolares as ligações de um átomo ao seu vizinho, apresentando essas ligações ao longo de toda a estrutura atômica. Daí, uma definição física do elemento semicondutor: "Semicondutor é um corpo sólido, cuja resistividade se encontra entre os valores de 10^{-4} e $10^{10}\,\Omega$ x cm, que apresenta, pelo menos em certo trecho, um coeficiente de temperatura da resistência com valor negativo cujo valor pode ser reduzido sensivelmente pela presença de impurezas ou de defeitos na estrutura da matéria."

A maioria dos semicondutores são cristalinos; existem, entretanto, sólidos amorfos com comportamentos semicondutores.

Permanece ainda em aberto saber quais os elementos ou ligas que podem se tornar semicondutores. Se observarmos a tabela periódica dos elementos (Tabela 9.1), reconhecemos que são semicondutores aqueles elementos ou suas formas modificadas, que estão emoldurados do lado esquerdo do grupo dos não metais. Se considerarmos então os materiais que podem ser semicondutores como não metálicos, então **podemos também dizer que a maioria das ligações binárias semicondutoras se constituem de um metal e um não metal**; isso de modo genérico, o que não exclui exceções.

2 • A CONDUTIVIDADE ELÉTRICA

O comportamento **condutor** dos materiais **semicondutores** exige um estudo aprofundado da **teoria quântica e da física do estado sólido**, dos quais, no presente estudo, apenas iremos citar alguns **aspectos fundamentais** que permitam, mesmo que aproximadamente, o entendimento do comportamento de certos materiais **classificados** como semicondutores.

Retornemos por um instante à estrutura de um cristal e aos seus planos de distribuição dos átomos, tomando como exemplo uma rede **cristalina cúbica**. Estes átomos assim dispostos possuem seus elétrons posicionados em relação ao seu respectivo núcleo, de acordo com o **nível de energia de cada elétron**; este nível pode ser variado pela ação de energias externas, quando então podemos ter a variação das **características do cristal** (e consequentemente do material de que faz parte) quando a elevação de energia do elétron **o desloca** de sua órbita em torno do núcleo.

Tabela 9.1 • Tabela periódica dos elementos.

Cabeçalho superior: **N. quântico principal + N. quântico secundário** — valores 1, 2, 3, 4, 5, 6, 7, 8.

Cabeçalho inferior: **do último elétron** — N. quântico secundário, N. quântico magnético, N. quântico de spin, N. de elétrons na camada da valência.

n+l / Período	1	2	3	4	5	6	7	8	9	10	11	12	13	14	15	16	17	18
1	1 H 1,01																	2 He 4,00
2	3 Li 6,94	4 Be 9,02											5 B 10,8	6 C 22,0	7 N 14,0	8 O 16,0	9 F 19,0	10 Ne 20,2
3	11 Na 23,0	12 Mg 24,3											13 Al 27,0	14 Si 28,1	15 P 31,0	16 S 32,1	17 Cl 35,5	18 Ar 39,9
4	19 K 39,1	20 Ca 40,1	21 Se 45,1	22 Ti 47,9	23 V 51,0	24 Cr 52,0	25 Mn 54,9	26 Fe 55,9	27 Co 58,9	28 Ni 58,7	29 Cu 63,6	30 Zn 65,4	31 Ga 69,7	32 Ge 72,6	33 As 74,9	34 Se 79,0	35 Br 79,9	36 Kr 83,7
5	37 Rb 85,5	38 Sr 87,6	39 Y 88,9	40 Zr 91,2	41 Nb 92,9	42 Mo 96,0	43 Tc 99	44 Ru 101,7	45 Rh 102,9	46 Pd 106,7	47 Ag 107,9	48 Cd 112,4	49 In 114,8	50 Sn 118,7	51 Sb 121,8	52 Te 127,6	53 J 126,9	54 X 131,3
6	55 Cs 312,9	56 Ba 137,4	71 Cp 175,0	72 Hf 178,6	73 Ta 180,9	74 W 183,9	75 Re 186,3	76 Os 190,2	77 Ir 193,1	78 Pt 195,2	79 Au 197,2	80 Hg 200,6	81 Tl 204,4	82 Pb 207,2	83 Bi 209,0	84 Po 210	85 At 211	86 Rn 222
7	87 Fr 223	88 Rg 226,1																

Rodapé — **do último elétron:**

	1	2	3	4	5	6	7	8	9	10	11	12	13	14	15	16	17	18
N. quântico secundário	0(s)	0(s)	+2 (d)	+2 (d)	+2 (d)	+2 (d)	+2 (d)	+2 (d)	+2 (d)	+2 (d)	+2 (d)	+2 (d)	1 (P)	1 (P)	1 (P)	1 (P)	1 (P)	1 (P)
N. quântico magnético	0	0	+2	+1	0	-1	-2	+2	+1	0	-1	-2	+1	0	-1	+1	0	-1
N. quântico de spin	+1/2	-1/2	+1/2	+1/2	+1/2	+1/2	+1/2	-1/2	-1/2	-1/2	-1/2	-1/2	+1/2	+1/2	+1/2	-1/2	-1/2	-1/2
N. de elétrons na camada da valência	1	2	1	2	3	4	5	6	7	8	9	10	1	2	3	4	5	6

Portanto, a análise dos níveis de energia que no seu conjunto formam as **"camadas de energia"** ou **"bandas de energia"** é a base para se determinar o comportamento de tal material ou elemento.

Estas camadas são classificadas em 3 grupos:

- *Camada inferior,* cujo nível de energia mais elevado é o do elétron de valência.
- *Camada superior,* chamada também de camada condutora, e onde se situam os elétrons em deslocamento.
- E, eventualmente, a *camada proibida,* livre de elétrons.

A Figura 9.1 representa graficamente, em função do nível de energia *E,* essas 3 camadas. Em cada um dos níveis de energia da camada inferior, encontramos 2 elétrons, concentrados mais nos níveis de energia mais próximos do núcleo, ou seja, em **níveis de energia de valor mais baixo**, e daí uma distribuição de elétrons como os da Figura 9.2 típica de materiais condutores. Perante uma dada **temperatura constante** e na **ausência** de **outras energias externas**, essa população de elétrons tem um deslocamento equilibrado, mantendo-se assim a característica do elemento; e, mesmo em movimento interno, **não dão origem** a uma corrente elétrica. Os momentos ou conjugados desses elétrons em movimento interno podem ser representados como na Figura 9.1, onde se quer demonstrar o **equilíbrio de deslocamentos**, dando assim uma parábola simétrica. Já 1(um) nanossegundo mais tarde, a distribuição será diferente do que a da Figura 9.1; porém, se **não houve** energia externa de qualquer natureza atuando, **a simetria será mantida**.

Figura 9.1 • Sólido com 2 elétrons/camada, com a camada inferior parcialmente preenchida.

Vamos analisar agora **o mecanismo** dessa condutividade. Se a este conjunto de elétrons aplicarmos uma **energia externa**, elétrica por exemplo, a diferença de potencial assim **existente romperá o equilíbrio** de posições e movimentos antes abordados. Aqueles elétrons que se deslocavam na direção do **campo externo** serão acelerados, os demais, **retardados**. Consequentemente, o gráfico dos níveis de energia se **deformará**, "inclinando-se", como mostra a Figura 9.3. Dentro desse campo, um dado elétron "E" da figura, **recebendo energia externa**, passará sucessivamente a níveis de **energia mais elevados**, podendo atingir o nível mais elevado da camada inferior, que é a **camada da valência**, e, **se mais** energia receber, passará a ocupar uma **posição externa** à camada inferior. Em contrapartida, os elétrons que estão se deslocando no **sentido inverso** ao analisado, com a desaceleração que estão sofrendo, **irão reduzir** o seu nível de energia e, assim, ocuparão sucessivamente, **níveis mais baixos**, mais próximos do núcleo.

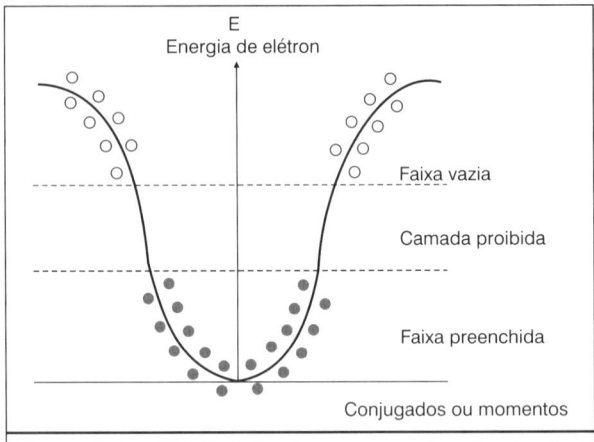

Figura 9.2 • Distribuição de cargas em função do nível de energia.

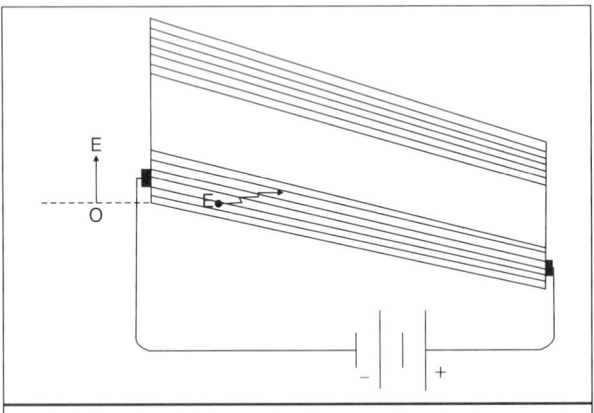

Figura 9.3 • Aplicação de uma diferença de potencial cria uma aceleração de elétrons de valência (E).

O efeito dessa modificação é o de **desbalancear** o conjunto de elétrons dos dois lados da parábola representativa dos níveis de energia em função do movimento, tal como representa a Figura 9.4. E desse **desbalanceamento**, com uma clara resultante em um dos **sentidos, levará a um acúmulo** de elétrons **em um dos lados**, e, em consequência, o aparecimento da corrente elétrica ou a chamada **condução metálica**.

Continuando o raciocínio nesse sentido, uma vez que a diferença de potencial continua aplicada, podemos concluir que o desbalanceamento **se amplia continuamente**, dando origem a um número cada vez **maior de elétrons em movimento**, o que deveria resultar, perante uma diferença de potencial constante, numa **contínua elevação da corrente**. Tal fato **não ocorre** devido aos efeitos da **dispersão inelástica**, segundo a qual, quanto maior o número de elétrons que se move a níveis de energia cada vez mais elevados do lado direito da parábola da Figura 9.4, **tanto maior é o número de elétrons** que reduzem seus movimentos do lado esquerdo, dando origem à um acréscimo proporcional **de colisões entre elétrons** e átomos, do que resulta uma perda de energia, que conhecemos **por perda joule** e que se apresenta na forma de calor. Recupera-se, assim, uma estabilidade no deslocamento dos elétrons, e, com isso, **uma constância da corrente circulante**.

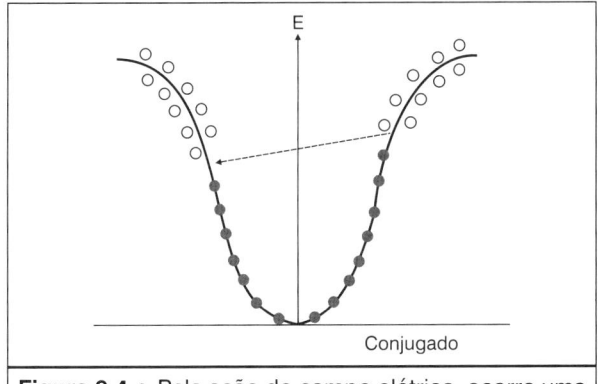

Figura 9.4 • Pela ação do campo elétrico, ocorre uma circulação de cargas, que dão uma distribuição como a representada.

Alterando-se as condições de intensidade da energia elétrica aplicada, repete-se o mesmo processo, até se estabelecer uma nova condição de equilíbrio, obedecendo à relação linear expressa pela Lei de Ohm.

Em termos práticos, o deslocamento apresentado pela parábola nunca excede a fração de **1% do total dos elétrons envolvidos**, mesmo no caso de elevadas correntes em bons condutores, do que se conclui que a corrente total representa apenas **uma pequena parte dos elétrons da valência existentes**.

Passando-se desta análise estrutural aos materiais chamados **isolantes**, encontraremos a distribuição dos níveis de energia, como os representados na Figura 9.5, em que, em cada nível, estão situados 4 elétrons, o que já nos informa que materiais de valência 4, quando associados entre si, têm comportamento isolante. Tal fato é também confirmado pelo fato de que, em tais estruturas, os elementos de valência IV se associam 2 a 2, dando como resultado camadas de **valência com 8 elétrons**, que tem um comportamento altamente estável perante agentes externos. Resulta daí seu **"comportamento isolante"**, em que todos os níveis de energia estão repletos de elétrons, sem **haver deslocamentos**, e onde a camada proibida é bastante mais **larga** do que nos condutores, refletindo assim a maior dificuldade dos elétrons se deslocarem, ou, em outras palavras, de poder circular uma corrente elétrica.

Figura 9.5 • Distribuição típica de materiais isolantes.

Concluímos daí que, baseado neste modelo, definem-se:

- **Condutores**, como substâncias em que a camada mais baixa e energia está apenas parcialmente preenchida pelos elétrons de valência, facilitando seu deslocamento.

- **Isolantes**, como aquelas substâncias onde a camada mais baixa de energia está completamente preenchida com elétrons de valência, impossibilitando, naquele nível, o deslocamento de elétrons.

E os materiais semicondutores?

Se lembrarmos novamente do modelo das **camadas de energia** e se aplicarmos ao elemento considerado **uma energia capaz de transferir** alguns elétrons da camada **inferior** à de **condução**, através da **camada ou banda proibida**, estes elétrons encontrarão também um número ilimitado de níveis de energia para os quais estes elétrons podem ser **acelerados** ou **desacelerados** pela ação da energia externa aplicada, de modo que poderá resultar uma corrente elétrica **mensurável**. Dessa forma, uma substância inicialmente isolante poderá apresentar uma fraca condutividade, sendo esse valor **diretamente variável com o número de elétrons transferidos**.

Esta situação vem representada na Figura 9.6.

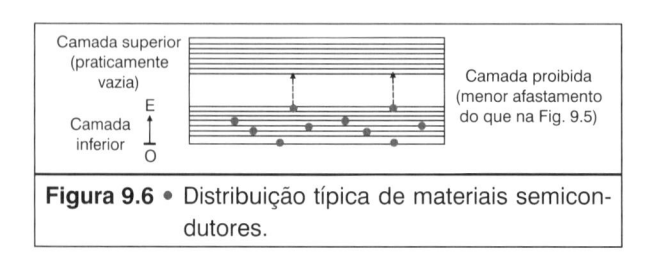

Figura 9.6 • Distribuição típica de materiais semicondutores.

Quando uma tal **transferência** de elétrons ocorre, **rompe-se** uma **ligação de valência** e aparece na camada **inferior a falta** de um elétron. Essa falta é designada como uma "lacuna", a qual, por sua vez, pode influir no próprio comportamento condutor dos elétrons da camada inferior ao ser ocupada por um elétron de **nível menor**, transferindo, assim, a "lacuna" para um nível **mais baixo**, e assim sucessivamente. Vemos, portanto, que essa **lacuna** se desloca no **sentido inverso** do elétron em deslocamento. Em suma, podemos imaginar a lacuna como uma **partícula idêntica ao elétron**, com igual tamanho, carga e massa, porém **com polaridade oposta**, ou seja, **positiva**, e que tem deslocamento **também oposto aos elétrons**.

Energias capazes de levar à movimentação analisada dos elétrons são diversas, e dependem da matéria-prima, ou seja, o material considerado tem de ser "sensível" à forma de **energia** que está atuando. De modo amplo, a **energia calorífica** (ou simplesmente o calor) influi sensivelmente sobre todos os materiais, dependendo da sua **estabilidade térmica**, que é a sua capacidade de suportar **certos níveis de temperatura sem se alterar**. Esse calor pode ainda ser o resultado da somatória de uma fonte externa e de perdas internas resultantes da própria movimentação ou vibração dos elétrons. Em um material em que se apresenta um tal processo, a condutividade se eleva com elevação de temperatura, tendo, portanto, um **comportamento inverso** ao dos metais.

3 • INFLUÊNCIA DAS IMPUREZAS NO PROCESSO DE DOPAGEM

A maioria dos semicondutores tem uma condutividade **extremamente sensível à presença de impurezas**. Resulta daí que duas amostras de um tal material, com mínimas diferenças porcentuais de impurezas (às vezes nem registradas numa análise química), apresentam valores de condutividade **centenas de vezes diferentes** entre si. Por essa razão, o controle das concentrações de impurezas é **extremamente crítico**, eleva a concentração de 1 impureza para 10^7 ou mesmo 10^9 partes de material básico. Assim, **no processo de dopagem**, em que o semicondutor é criado com a predominância de cargas positivas (**semicondutor p**) ou negativas (**semicondutor n**), é necessário se partir de um **material extremamente puro**, obtido por processos especiais analisados mais adiante (**ver Fusão Zonal**). Vejamos como se formam estes semicondutores p e n.

A Figura 9.7 representa o caso em que **associamos** um material básico, **isolante, tetravalente**, no caso o silício (Si), com o antimônio (Sb). O silício é **tetravalente** e o antimônio **pentavalente**, de modo que apenas 4 dos 5 elétrons participam **das ligações de valência, ficando livre** 1 dos elétrons num movimento próprio de rotação, e, não estando fixo na sua posição, poderá **ser deslocado** com uma facilidade **muito maior** do que **qualquer** outro elétron.

Reportando-nos à representação dos níveis de energia, temos a Figura 9.8. O elétron livre, indicado como o 5º **elétron** do átomo do antimônio, possui seu próprio nível de energia a uma pequena distância abaixo da camada ou banda de condução do cristal de silício, do que se conclui que mesmo a presença de uma pequena quantidade de **energia externa** levará esse elétron ao deslocamento. Generalizando, o acréscimo do átomo de antimônio **elevará** a **condutividade** do material Si-Sb, numa variação direta com o número de átomos de Sb acrescidos. Esse excesso de elétrons nos leva a uma mistura eletronegativa, representada por n e também chamada de "**doadora**".

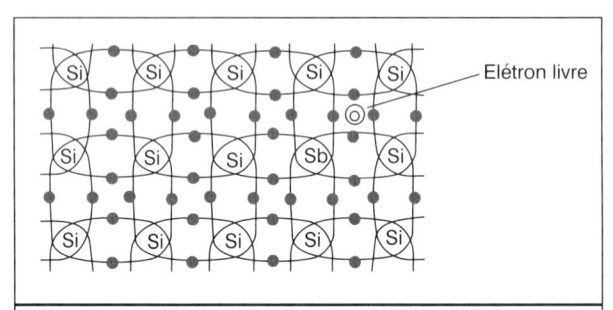

Figura 9.7 • Uma impureza de antimônio (Sb) dissolvida em um cristal de silício (Si) mantem um elétron livre, não associado à estrutura.

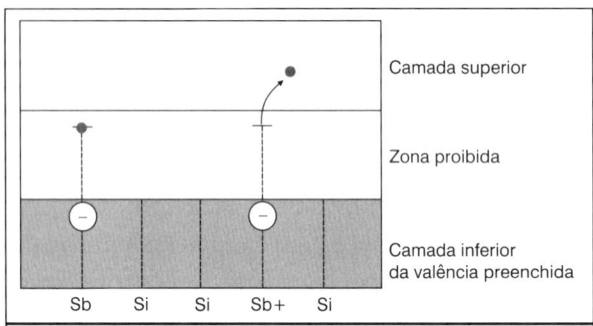

Figura 9.8 • O elétron livre de Sb, se desloca na zona proibida, podendo, mediante um acréscimo de energia, entrar para a camada superior.

Uma outra situação é aquela em que acrescentamos ao material de **valência IV** um elemento de **valência III**. Por exemplo, silício (Si) com índio (In), como vem representado na Figura 9.9. O **índio é trivalente**; assim, uma das ligações do silício ficará **com falta** de um elétron. A falha resultante não é idêntica a uma lacuna, porém a situação em questão poderá dar **origem a uma lacuna**, como veremos analisando o posicionamento aos elétrons de valência do Si e do In, vemos que 3 elétrons de silício formam pares bastante estáveis, enquanto 1 elétron de Si ficará sem par, logo menos ligado à estrutura. O seu deslocamento poderá dar-se com mais facilidade ou com menor elevação do nível de energia do que com os demais 3 pares Si + In. Por outro lado, esta vaga de 1 elétron poderá fazer com que elétrons de átomos de Si vizinhos à ligação analisada se desloquem até a vaga, necessitando para isso apenas **pequena quantidade de energia térmica**, deixando, portanto, **uma lacuna** na estrutura de silício, de onde saiu.

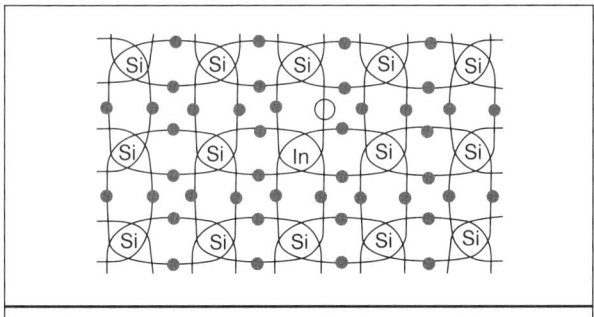

Figura 9.9 • Um átomo de índio (In) associado ao cristal de silício deixa 1 ligação de valência livre.

Em termos de níveis de energia, a Figura 9.10 representa esta situação. A vaga que existe na camada da valência ligada ao átomo de índio deve ser considerada como **a responsável** pelo posicionamento de uma **lacuna** (positiva) a um nível pouco abaixo do limite superior da camada inferior. Entretanto, um elétron da estrutura circundante de silício pode ser **ativado até este nível, deixando uma lacuna no seu lugar original**.

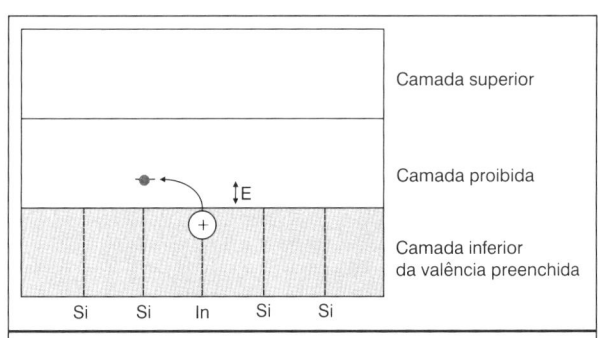

Figura 9.10 • A lacuna (livre) do índio pode ser imaginada como uma carga positiva pouco abaixo do nível superior da camada de valência, podendo ser ativada e entrando na zona proibida.

Este processo de ativação ocorre com quantidades de energia **pequenas**, geralmente de **natureza térmica**, e representada por E_a no diagrama, entrando na zona proibida e, eventualmente, dependendo dos níveis externos de energia, passando ao de condução.

4 • CONCLUSÃO SOBRE OS TIPOS DE SEMICONDUTORES

Do exposto, concluímos que os semicondutores podem ser **do tipo**:

a) **Semicondutores intrínsecos**, em que a impureza está presente em porcentagem muito pequena e a condutividade é devida a igual número de elétrons livres na camada superior e de lacunas livres na camada inferior, produzidos **por ativação térmica** dos elétrons através da zona ou camada proibida.

b) **Semicondutores com impurezas e excesso de elétrons**, em que a condutividade depende destes elétrons na camada superior, como resultado **da ativação** de elétrons livres de ligações **doadoras**, de átomo de valência IV + V, e sua indicação é feita **por** n.

c) **Semicondutores com impurezas, com excesso de lacunas**, cuja condutividade resulta da combinação de **valências III + IV**, portanto, com falta de elétrons, e um excesso assim de cargas positivas. Seu tipo é eletropositivo, sua indicação é p, e é chamado de **ligação receptora**.

É importante ressaltar que apesar do processo intrínseco sempre estar presente, sua influência é superada pela ação das impurezas dos **semicondutores n e p**.

5 • A DEPENDÊNCIA DAS CARACTERÍSTICAS SEMICONDUTORAS DA COMPOSIÇÃO QUÍMICA

Mencionamos anteriormente, e precisamos analisar mais de perto, qual **a influência que a composição química** e os métodos **de tratamento** têm sobre as características semicondutoras. A Figura 9.11 demonstra **claramente** parte desses aspectos, relacionando a **condutividade** de PbS em função **da porcentagem** do enxofre (S).

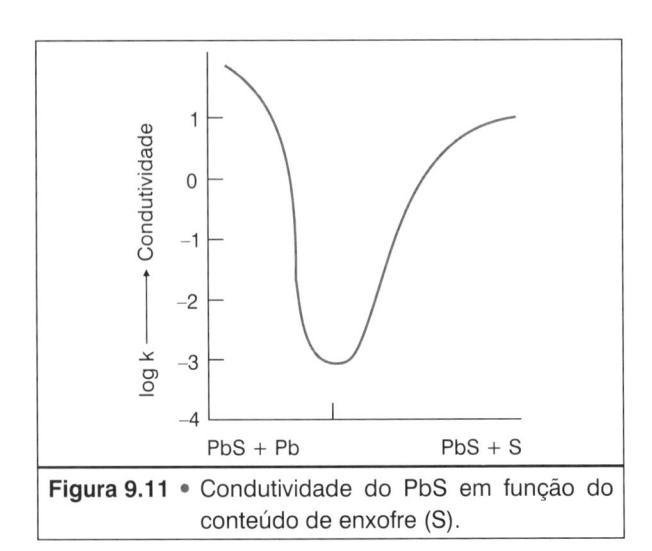

Figura 9.11 • Condutividade do PbS em função do conteúdo de enxofre (S).

O lado esquerdo da curva se caracteriza por uma origem com reduzido teor de S e elevado de Pb, observando-se que a condutividade atinge o seu ponto de mínima quando Pb e S estão com as mesmas porcentagens. Essa variação, entretanto, **não se apresenta sempre** nessas condições, o que faz com que cada caso deve ser analisado **separadamente**. Por exemplo, no $ZnAs_2$, a condutividade apenas varia em função do arsênico quando a porcentagem de As *é* **superior** a 50%.

Enquanto o zinco (Zn) predomina, a variação de sua porcentagem não influi praticamente sobre a condutividade (veja Figura 9.12).

De modo semelhante à influência das porcentagens de dado elemento, podemos perceber as consequências da presença de átomos estranhos à liga, em forma de *impurezas,* o que vem demonstrado na Figura 9.13. Nessa figura, a resistividade do germânio (Ge) é analisado em função de **uma variação da temperatura**, acrescentando-se ao Ge certas quantidades de antimônio (Sb). Reconhecemos que a resistividade é tanto mais **baixa** quanto **maior** a porcentagem de antimônio (Sb%). Ainda, da mesma figura, podemos concluir que, em temperaturas suficientemente elevadas, os valores assumidos se tornam independentes da porcentagem de Sb.

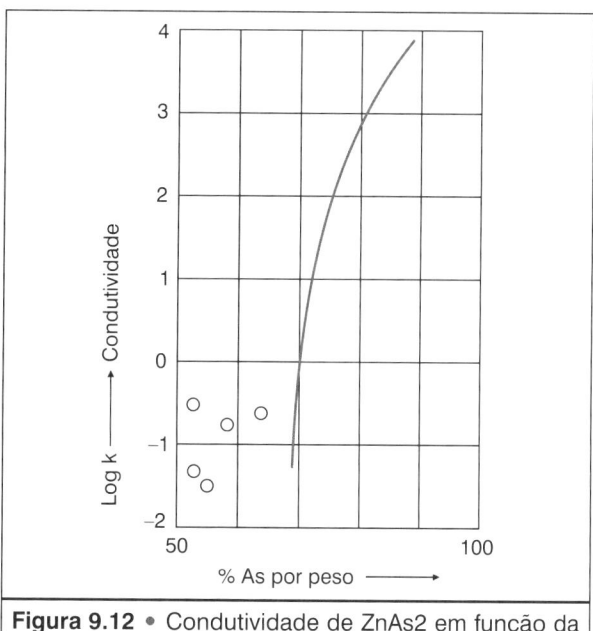

Figura 9.12 • Condutividade de ZnAs2 em função da % de arsênio (As) por peso.

Essas conclusões serão válidas também se o acréscimo de material não for o antimônio, o que demonstra se tratar de uma característica do **próprio germânio**. Escolhendo-se uma temperatura suficientemente **baixa**, – no caso da Figura 9.13, já basta a temperatura ambiente –, a condutividade intrínseca, própria da estrutura do material puro, se torna bem inferior à condutividade de um material que possui impurezas, de tal modo que o próprio valor da condutividade informa sobre a pureza do material; ao contrário, métodos **químicos** e **eletroquímicos** em geral **não levam** a resultados satisfatórios na determinação **do grau de pureza**. Entretanto, mesmo esse método pode levar a resultados não satisfatórios. A modificação da composição química ideal (pura) de um semicondutor influi tanto no **valor** quanto no **tipo** de condutividade. Um exemplo desse fato ocorre quando elementos de valência IV recebem impurezas de valência III, tornando-se **eletropositivos** ou **semicondutores** p, ou impurezas de valência V, passando a **ser eletronegativos** ou **semicondutores** n. Na presença de selênio e telúrio, a situação é mais complexa, pois qualquer modificação estrutural leva a consequências **bem maiores** (Tabela 9.1).

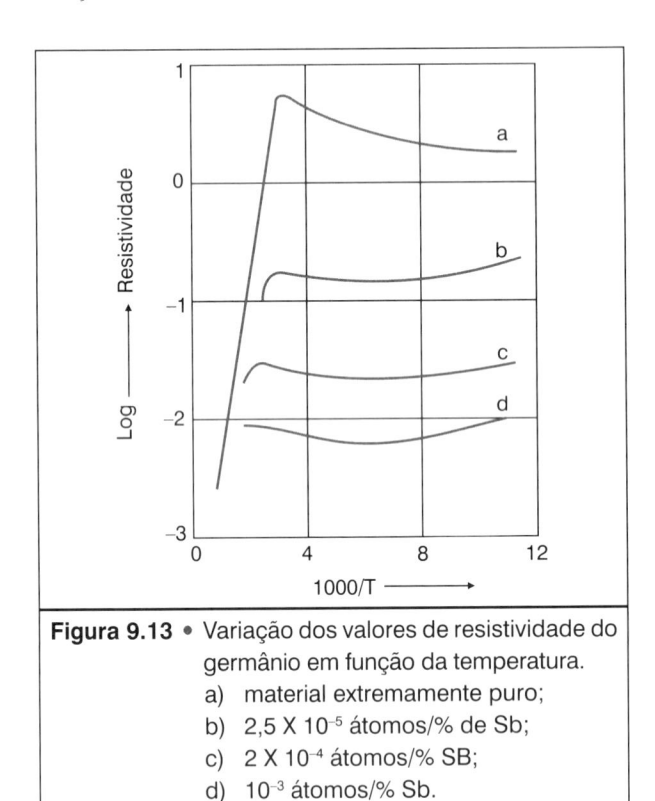

Figura 9.13 • Variação dos valores de resistividade do germânio em função da temperatura.
a) material extremamente puro;
b) 2,5 X 10^{-5} átomos/% de Sb;
c) 2 X 10^{-4} átomos/% SB;
d) 10^{-3} átomos/% Sb.

Uma composição ideal pode ser prejudicada de duas maneiras. **A primeira** seria a presença **de metais ou de não metais** em porcentagem superior à desejável, dando origem, respectivamente, a um **semicondutor** n ou p. Se, portanto, levarmos em consideração, ainda na (Figura 9.10), **a força termoelétrica e o efeito Hall**, então, próximo ao ponto em que a condutividade apresenta o seu valor mínimo, as polaridades $(n$ ou p) se **inverterão**.

Em segundo lugar, poderão estar presentes átomos estranhos (**impurezas**), sendo, nesse sentido, também importante o modo como a impureza se mantém presente na estrutura.

Num exemplo de ZnS, representado na Figura 9.14, podemos ter as **três situações** representadas, que levam a características diferentes.

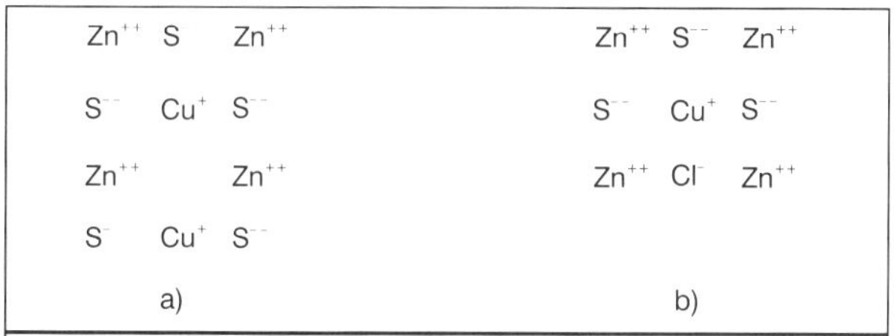

Zn^{++}	S	Zn^{++}		Zn^{++}	S^-	Zn^{++}
S^-	Cu^+	S^-		S^-	Cu^+	S^-
Zn^{++}		Zn^{++}		Zn^{++}	Cl^-	Zn^{++}
S	Cu^+	S^-				
	a)				b)	

Figura 9.14 • Inclusão de átomos de dopagem em uma estrutura cristalina de ZnS.
a) Substituição de 2 Zn^{++} por 2 Cu^+. Compensação de cargas por 1 lacuna S^-.
b) Substituição de 1 Zn^{++} por 1 Cu^+. Compensação de cargas por substituição de S^-Cl^-.

A introdução de impurezas em semicondutores (processo de dopagem) e a obtenção de modificações na composição pode ser feita de diversas maneiras. Se o semicondutor é levado à **fusão** durante o processo de fabricação, o material de **dopagem é preferencialmente** acrescentado ao material em fusão.

Quando a dopagem é feita num **material sólido**, o processo se torna mais complicado e lento. Existem, entretanto, exceções, como, por exemplo, **na difusão de tálio** em selênio ou de prata em telúrio. O processo é geralmente acelerado quando se procede a uma **elevação de temperatura** dos elementos envolvidos. Se mesmo essa providência não leva a um resultado satisfatório, é necessário restringir a dopagem apenas **à superfície** (dopagem superficial), ou a substância precisa ser **pulverizada**, misturada intimamente e procedido um **tratamento térmico**.

Pode-se ainda citar como importante a possibilidade de efetuar **transformações** nos átomos de base, pela ação dos átomos **das impurezas**. Esse método é, de certa forma, o mais preciso, porém é também o mais caro por necessitar **de aceleradores atômicos**, cujo número é bastante pequeno.

Resultam desses comportamentos da estrutura os diversos **métodos de dopagem**, que abordaremos em seguida.

6 • TÉCNICAS DE DOPAGEM

A dopagem pode ser feita em quatro situações, a saber:

1. durante o crescimento do cristal;
2. por liga;
3. por difusão;
4. por implantação iônica.

Vejamos alguns comentários sobre cada um dos processos indicados.

Durante o crescimento do cristal

O material de base sofre um aquecimento até se transformar em **massa cristalina fundente**, estado em que se efetua o acréscimo do material de dopagem. Durante esse processo térmico, o nosso cristal vai "**crescendo**", posicionando-se os átomos da dopagem na própria **cadeia cristalina** que se forma.

Por liga

O material de base é levado **à fusão** conjuntamente com o de **acréscimo**, formando-se, assim, uma liga. Após essa formação e resfriamento, os dois materiais **estão agregados entre si**. A Figura 9.15 apresenta o caso de um transistor de germânio (Ge) ao qual foram acrescentados partículas de índio (In).

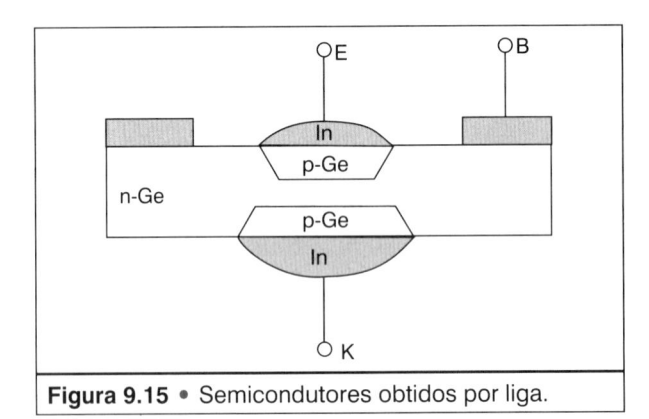

Figura 9.15 • Semicondutores obtidos por liga.

Por implantação iônica

Átomos eletricamente **carregados** (com íons) de **material dopante** em estado gasoso são **"acelerados"** por um campo elétrico e **"injetados"** na cadeia cristalina do semicondutor. O método da implantação iônica é o **mais preciso** e o mais sofisticado entre os mencionados, permitindo um ótimo controle tanto de **posicionamento** quanto de **concentração** da dopagem feita.

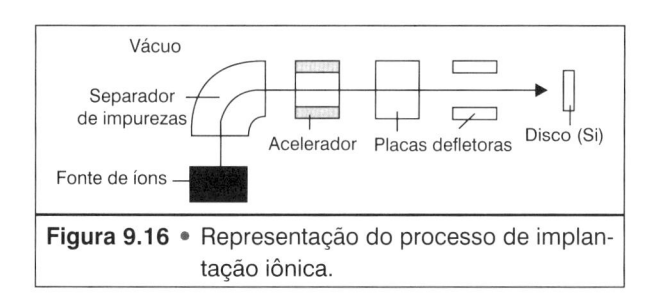

Figura 9.16 • Representação do processo de implantação iônica.

Por difusão

Nesse processo, vários discos do metal tetravalente **básico** (por exemplo, o silício) são elevados a temperaturas da ordem de 1 000 °C e, nessas condições, colocados na presença de metais em **estado gasoso** (por exemplo, boro). Os átomos do metal em estado gasoso se difundem no cristal sólido. Sendo o material sólido do **tipo** n, cria-se, assim, uma **zona** p. Sua representação é feita na Figura 9.17.

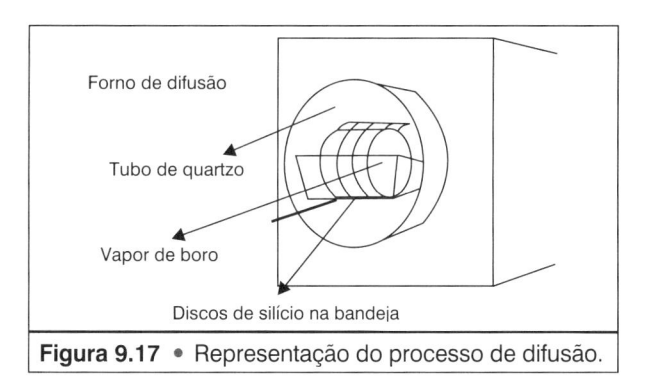

Figura 9.17 • Representação do processo de difusão.

7 • MÉTODOS DE PURIFICAÇÃO

Enquanto nos materiais condutores e isolantes **o grau de impurezas** normalmente aceito é de **0,001 a 0,005**, ou seja, de 10^{-3} a 5×10^{-3}, no caso dos materiais semicondutores exige-se um grau bem mais rigoroso, que é da ordem **de 10^{-5} a 10^{-7}** partes de impureza por parte de material básico.

Uma tal exigência leva à repetição em grande número de processos convencionais de purificação ou, senão, seja por razões técnicas ou econômicas, à utilização de novos processos. Vejamos os 3 processos utilizados.

Destilação e sublimação

A acentuada influência das impurezas sobre **as características elétricas** do semicondutor leva, em muitos casos, à exigência de se repetir o processo de purificação sobre a **matéria-prima** fornecida pela indústria, antes de manufaturá-la. Um primeiro passo são os **processos de destilação e de sublimação**. Com o objetivo de elevar o máximo possível a ação desses processos, devem ser analisados **os diagramas de ebulição**, os quais, porém, nem sempre estão disponíveis. Mas, de modo geral, os resultados da purificação são **satisfatórios** quando os pontos de ebulição do material básico a ser purificado e o da impureza a ser eliminada **estão suficientemente afastados**. Se o processo deve ser executado **em câmara a vácuo ou à pressão atmosférica normal**, depende das respectivas curvas características ou da formação de misturas azeotrópicas, ou seja, **misturas que com dada composição** constante atingem a ebulição sem **se separarem** na fase de destilação, e cuja **composição é função da pressão**. Destaque-se que as impurezas podem estar presentes no material básico a ser purificado, na forma de **uma combinação**, com ponto de dissociação sensivelmente **diferente** do dos elementos individuais analisados separadamente.

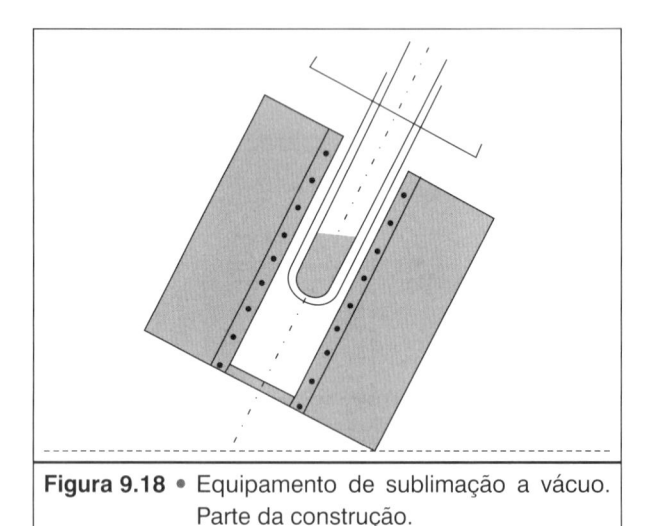

Figura 9.18 • Equipamento de sublimação a vácuo. Parte da construção.

A diferença entre **destilação** e **sublimação** é que na sublimação as **modificações** do estado físico eliminam o estado líquido, o que traz dificuldades de fracionamento dos materiais envolvidos, precipitando-se frequentemente muito próximos entre si os elementos **facilmente** e **dificilmente** sublimáveis. A vantagem da **sublimação** está na facilidade dos meios necessários à sua obtenção. Em princípio basta um tubo, que é aquecido na extremidade **de baixo** e esfriado na **de cima**, instalado, em geral, com certa inclinação (Figura 9.18) para que os gases ascendentes tenham as melhores chances de um contato com paredes **mais frias**. A matéria precipitada se fixa em geral e de tal modo no tubo, que o mesmo é destruído após terminado o processo.

Alguns aperfeiçoamentos tecnológicos foram introduzidos no sentido de se evitar a **danificação** mencionada, através de tubos duplos (Figura 9.18), nos quais o tubo **externo** é apenas o recipiente ligado a uma bomba de refrigeração; o tubo interno contém a substância purificada.

Na destilação, recomenda-se ter um retorno controlado da substância destilada, **pois enriquece** na fase de vapor **a matéria-prima em destilação**. As maiores dificuldades desse processo, quando aplicado aos semicondutores, encontram-se no fato de que, em geral, as matérias-primas usadas **possuem alto ponto de fusão**. Assim, para se ter uma destilação de quantidades relativamente elevadas de material, o equipamento vai sofrer um **sobreaquecimento considerável**, acima do ponto de fusão, o **que é desvantajoso nos processos de destilação a vácuo ou em ambiente de gases protetores**. Uma opção para esse caso é o processo de Harmann, para a destilação do telúrio. Num tubo horizontal (Figura 9.19), que é transpassado por **um fluxo de hidrogênio** (H), encontramos **dois** recipientes separados, com aquecimento individual. **O primeiro** recebe o material a ser purificado e o **segundo** possui um eletrodo de refrigeração sobre o qual o telúrio se **precipita**. Uma vez que uma quantidade suficiente de telúrio foi destilada, o ambiente em redor do eletrodo é aquecido e o **telúrio goteja para dentro do recipiente**.

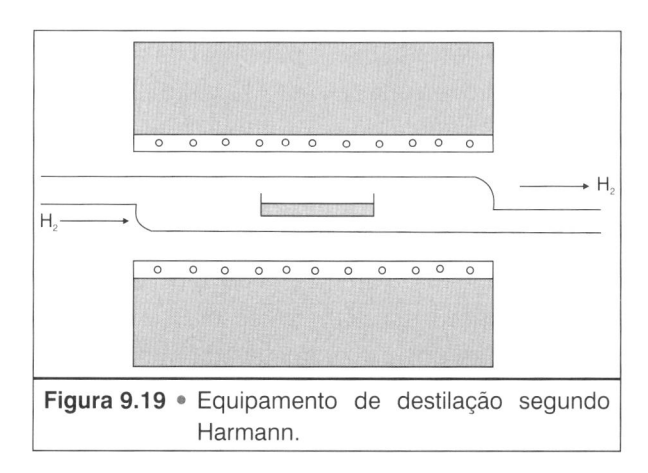

Figura 9.19 • Equipamento de destilação segundo Harmann.

Outro processo de destilação encontrado em alguns casos é o processo de Keunecke, que é construído com dois tubos verticais concêntricos (Figura 9.20), que são mantidos a temperaturas diferentes.

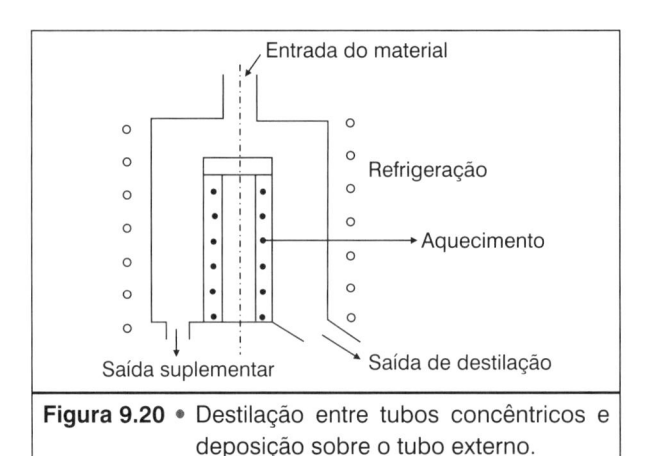

Figura 9.20 • Destilação entre tubos concêntricos e deposição sobre o tubo externo.

Eletrólise

A purificação eletrolítica das matérias-primas básicas pode levar a graus de pureza **bastante elevados** se esta for realizada com cuidados especiais e eventualmente repetida dado número de vezes. Destaque-se, porém, que as condições apresentadas por cada elemento são particulares deste, **variando**, portanto, os detalhes **desse processo** de material para material. Os comentários que seguem são, portanto, de caráter geral, aplicáveis às **características gerais** do processo.

Através da eletrólise, um metal pode ser **separado de outros** metais menos nobres e de **partículas insolúveis, no eletrólito**. A eficiência da separação ou a eliminação simultânea de diversos metais depende da **relação dos potenciais** desses metais em relação a **solução (eletrólito)** utilizada e menos da grandeza da corrente. Um metal não nobre B é precipitado **simultaneamente** com um metal nobre A se a **densidade de corrente é tão elevada** que o potencial de A é **maior que o potencial de B**, quando a **densidade de corrente é zero** (Figura 9.21). Se os potenciais próprios de cada metal com **densidade de corrente zero não** estiverem muito próximos, não ocorre uma **precipitação simultânea** sensível, apresentando-se apenas traços desses metais no catodo, pela própria **contaminação do eletrólito**, o qual, além de tais impurezas, também pode apresentar gases inclusos (oxigênio). Tal situação **impede**, por vezes, uma fusão direta dos catodos, pois o metal lá encontrado pode ser **razoavelmente impuro** e, assim, apresentar características **inaceitáveis para determinadas aplicações, em que uma elevada pureza é condição básica**.

Outro aspecto diz respeito **à quantidade** de material precipitado, ou em outras palavras, à espessura de material que **recobre** o eletrodo (catodo). Nem sempre o elemento químico assim obtido pode ser encontrado em camadas espessas. A estrutura do produto precipitado é **condicionado** também pela **densidade de corrente, temperatura e concentração do eletrólito**. Estruturas de **grão maior** são obtidas aplicando **baixas densidades de corrente e reduzida concentração**. Qualquer elevação da densidade de corrente nessas condições leva a **precipitações de grãos pequenos** e, no seu limite, a pós. **Temperaturas mais elevadas** ou agitação admitem **elevar** a densidade de corrente, **sem alterar a forma granular** do elemento obtido.

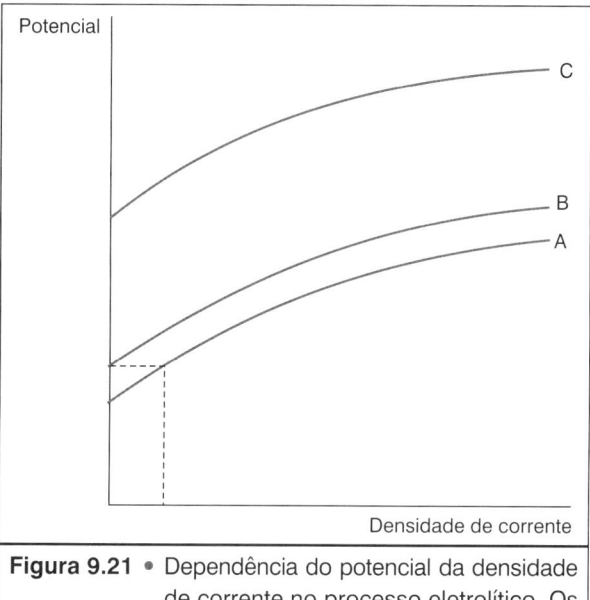

Figura 9.21 • Dependência do potencial da densidade de corrente no processo eletrolítico. Os metais A e B podem ser depositados simultaneamente; C, ao contrário, se comporta diferentemente do que A e B.

As variações indicadas não são as únicas existentes. Mediante acréscimos e outros recursos, a literatura especializada sobre processos eletrolíticos informa o tipo e a quantidade de material assim obtido.

Método da cristalização dirigida

Os cristais que compõem a matéria-prima básica dos materiais semicondutores são obtidos **pelo método da fusão**, e, em seguida, se apresentam na forma **normal de um bastão sólido**. Se o cadinho com o material em fusão é **lentamente retirado do forno**, o bastão se forma, com **perda gradativa** de temperatura. Ao se analisar esse bastão, observa-se que a **parte que por mais tempo ficou líquida**, portanto, a **última** que saiu do forno, é a que apresenta uma **maior concentração de impurezas**, e, por isso, é geralmente cortada.

Conclui-se daí que, no próprio processo de obtenção da matéria-prima básica para a fabricação de componentes semicondutores, **defrontamo-nos** com um **meio de limitar e reduzir as impurezas**, fato esse que, de modo ampliado, é **o processo da fusão zonal**, descrito a seguir.

Fusão zonal

O elevado grau de purificação necessário faz com que os semicondutores **obtidos pelos métodos anteriores**, via de regra, **não apresentem** o resultado final desejado. O presente processo da fusão zonal utiliza-se do fato de que num sistema de 2 elementos em condição **de equilíbrio** entre a **fase sólida e líquida**, a composição de ambas as fases é geralmente diferente e, no limite do diagrama de estado, as curvas **líquida e sólida** encontram-se segundo um ângulo definido. Isso significa que mesmo no caso de uma concentração mínima de um elemento no outro, apresenta-se uma diferença de **concentrações na passagem** do estado líquido para o sólido. Designemos a concentração de um elemento alheio ao elemento básico, ou seja, a concentração de **uma impureza** no elemento básico **por** C_l **no estado líquido**, e por C_s **no estado sólido**, e vamos supor **que** $C_s < C_l$. Levando-se esse material à fusão, a parte em fusão apresentará **menor quantidade** de impurezas, ou seja, houve **uma purificação**. Se **cortarmos**, nesta situação, a parte com **maiores** impurezas, teremos eliminado as mesmas; se **repetirmos** o processo, estaremos cada vez mais purificando a matéria-prima em questão, já que a **condição** $C_s < C_l$ se mantém e, de um certo modo, C_s/C_l é um valor **constante**, dado **por** **k** e conhecido como **fator de eliminação de impurezas**.

A **fusão repetitiva** é complicada e pouco econômica, razão pela qual mediante fontes de calor de certo número adequadamente dispostas procede-se a **uma fusão por zonas da barra semicondutora**. Esse processo é por isso chamado **de fusão zonal**. Como representa a Figura 9.22, por esse processo, uma barra é simultaneamente levada do estado sólido ao líquido por seções, concentrando-se sempre as impurezas no setor líquido ou em fusão. Pelo deslocamento da barra dentro desse sistema, ocorre o "arraste" das impurezas para **a extremidade da barra**, em um número de repetições do processo igual ao de elementos de aquecimento dispostos ao longo do processo. **A extremidade da barra, no final, é cortada, por acumular as impurezas**.

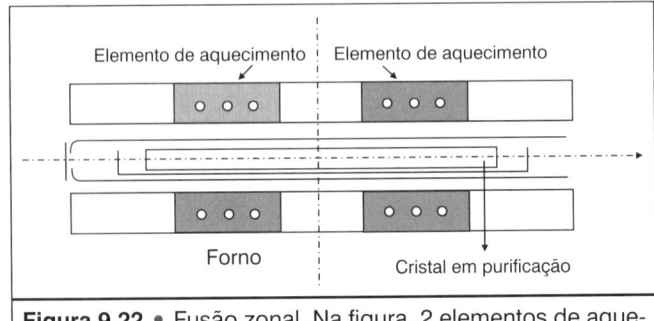

Figura 9.22 • Fusão zonal. Na figura, 2 elementos de aquecimento atuando sobre a haste de material semicondutor.

O processo de fusão em si é o convencional, pelo uso **de resistores de aqueci-mento**, ou **o indutivo**, no qual o calor resulta **da agitação molecular** perante a ação de campos de média e alta frequência. A necessidade de um ou de outro método depende acentuadamente do rendimento que se quer do processo, do investimento aceitável e da temperatura de fusão da matéria-prima a ser purifica-da. Citando-se, como exemplo, o **germânio**, que funde a 958 °C, a situação é mais favorável do que se o elemento for o **silício**, que tem uma temperatura de fusão da ordem de 50% maior. Também relacionado com a temperatura de fusão, é feita a escolha do **cadinho** dentro do qual o aquecimento ocorre. No caso de germânio, o cadinho é de quartzo ou de grafita, impondo-se ao cadinho também a condição de ser o material de elevada pureza, podendo também haver **contaminação** do mate-rial a ser purificado com o material do cadinho. As **dificuldades**, na prática, para se utilizar material adequado para construir o cadinho, são crescentes, sobretudo com a **diversidade** cada vez maior de materiais semicondutores e notadamente no caso de uma elevação do ponto de fusão, ou se o material facilmente **evapora** pe-rante as temperaturas normais do processo de purificação. Câmaras especiais são então necessárias, onerando o processo e dificultando economicamente a produ-ção de componentes.

Numa **variante** da finalidade até aqui descrita, que é a purificação de um ma-terial, a fusão zonal também pode ser empregada para a dopagem de um material numa região ampla (**zone leveling**). Para tanto, o início da barra de material a ser dopado é colocado em contato com o dopador e fundido o conjunto.

Capítulo 10
Elementos semicondutores

Nem todos os elementos classificados como semicondutores pela Tabela 9.1, permitem uma fácil e precisa verificação dessa propriedade. Em alguns desses elementos, a semicondutância ainda não pode ser determinada com segurança ou, então, a característica **não** se apresenta estável **à temperatura ambiente**. Consequentemente existe uma família de materiais semicondutores de uso industrial, os quais serão o objetivo principal do presente capítulo, enquanto paralelamente serão mencionados alguns aspectos mais interessantes de outros de menor uso.

A família central dos materiais semicondutores é encontrada nos materiais de valência IV do sistema periódico (Tabela 9.1). Esse grupo tem como primeiro elemento o carbono, que passaremos a analisar.

1 • O CARBONO

Apesar de apresentar características semicondutoras, o **carbono** é antes utilizado como **condutor** em alguns casos; em outros casos, como **material resistivo** ou como capaz de suportar determinadas condições **térmicas ou químicas**.

Matéria-prima básica do carbono

Como matéria-prima básica é usada a **grafita natural**, o **antracito e o negro de fumo**. Dependendo do produto que se quer obter, devem ser obedecidas certas particularidades, as quais são enumeradas a seguir.

Escovas para máquinas girantes – As escovas de carvão se destinam a estabelecer o contato entre a parte rotativa da máquina (o rotor), onde se induz uma certa **diferença de potencial**, e o circuito **externo**; sendo, portanto, um elemento de certo modo fixo posicionado por pressão sobre o coletor ou comutador ou os anéis coletores da máquina, que são de **metal** (geralmente cobre ou liga de cobre). Tratando-se de um coletor ou um comutador, este é fabricado **por lâminas** (ou lamelas) justapostas e isoladas entre si que giram, e a escova é de material maciço, compacto, formando um corpo único. A **escova** formada de **pó de carvão** e eventuais aditivos (negro de fumo, pós metálicos etc.) é tratada **termicamente** até se obter a **necessária consistência** para seu uso. Esse tratamento se realiza a temperaturas da ordem de 800 °C, atingindo-se em casos especiais até valores de 2 200 °C.

As características de uma escova de carvão não são puramente elétricas, e **sim eletromecânicas**, devido à natureza de sua utilização, o que está representado na Tabela 8.1.

Carvão para microfones – Esses são fabricados especialmente do tipo de carbono conhecido **por antracite**. A resistência elétrica oferecida pelo carvão depende do tamanho do grão presente no pó, da temperatura em que é tratado e da densidade.

O tratamento térmico ou "queima" é procedido a 600-800 °C. No caso de se usarem pós finos, o valor da resistência será de 400 Ω/cm, valor que decresce para 150 Ω/cm quando o pó é formado de grãos grossos. O peso específico é de 0,8 a 0,9 g/cm^3.

Resistores de carvão – São **resistores** geralmente para **baixas potências** formados por uma camada de carvão, a qual é aplicada sobre um corpo isolante, geralmente porcelana. O seu uso se concentra na área das **telecomunicações**. A Tabela 8.2 traz alguns dados comparativos entre esse tipo de resistor **e resistores de fio**.

Contatos de carvão

Em algumas **aplicações eletrotérmicas especiais** em que, em particular, os comandos elétricos se realizam perante arcos voltaicos **intensos e frequentes**, alguns fabricantes de dispositivos de manobra preferem usar pastilhas ou peças de contato de carvão, pois estas não **oxidam e suportam bem os efeitos térmicos do arco**. É o caso de certos equipamentos **de tração elétrica**, tais como **elevadores, ônibus elétricos e outros**.

Nesse caso, é importante que o carvão seja obtido pela **compressão de pós de grafita a elevados valores**, obtendo-se, assim, uma **compactação** capaz de suportar as condições de trabalho.

Eletrodos

Eletrodos de carvão, nas diversas aplicações, são bastões de formato geralmente cilíndrico, que operam sob **condições rigorosas** de **natureza térmica ou química**. No caso térmico, são, em particular, os eletrodos de **fornos elétricos e de**

lâmpadas especiais, nos os quais se forma um arco cujo efeito **térmico ou lumino-so**, respectivamente, fornecem calor ou luz ao local de sua instalação. A razão de se usarem eletrodos de carvão se deve, mais uma vez, ao **favorável** comportamento do carvão perante os **arcos voltaicos**, que atingem valores da ordem de 4 000 °C a 5 000 °C. No caso **químico**, os eletrodos são fabricados de carvão, devido à **esta-bilidade** que o carvão apresenta, **não reagindo** com os produtos químicos que o cercam. Esse comportamento se deve ao fato de o carbono ser **tetravalente** e, como tal, com a camada da valência completa, **não reagindo** com o ambiente em que se encontra.

2 • OUTROS MATERIAIS USADOS EM SEMICONDUTORES

O germânio (Ge)

O germânio é um dos materiais semicondutores mais antigos. É encontrado em pequenas quantidades em minérios de **zinco, pó de carvão e mesmo nas águas do mar**. Nos minérios, vem acompanhado, além do zinco, também **com ferro e cobre**, que se encontram em porcentagens bem superiores ao próprio germânio. Por essas razões, a extração do germânio é extremamente **difícil e onerosa**. É uma **substância dura porém quebradiça**, não suportando qualquer tipo **de esfor-ço mecânico**. Oxida-se na presença do ar, formando uma finíssima película de óxido. Essa oxidação é rápida e total em temperaturas de 600 °C, transformando-se em **dióxido de germânio** (GeO_2). A água praticamente não tem influência sobre o germânio. É resistente à presença de ácido clorídrico (HC1), ácido nítrico (HNO_2) e ácido sulfúrico a frio (H_2SO_4). **Dissolve-se numa mistura de ácido fluo-rídrico (HF) + ácido nítrico (HNO_3)** ou em solução **aquosa de peróxido de hidro-gênio (H_2O_2) e soluções concentradas quentes alcalinas do tipo KOH e NaOH**.

O germânio usado para a fabricação de componentes semicondutores deve apresentar **elevada pureza**, que deve atingir uma ordem de grandeza de 1 impu-reza para 10^7 partes de germânio.

A obtenção do germânio cristalino a partir do dióxido de germânico é feita colocando-se este último num **cadinho de carbono** puro a **uma temperatura** apro-ximada de 650 °C. O processo se realiza perante um ambiente **de hidrogênio puro**, a fim de reduzir o dióxido de germânio ao **germânio elementar**. A redução com-pleta-se com uma elevação de temperatura até 1 000 °C, na qual o germânio se funde e se solidifica posteriormente, sem, porém, apresentar a forma pura.

O processo de purificação do germânio é parte importante para utilizá-lo na fabricação de componentes semicondutores. Suas características técnicas vêm indicadas na Tabela 10.1, como também as do silício.

Tabela 10.1 • Características comparativas entre silício e germânio.		
Propriedades	**Ge**	**Si**
Peso atômico, g	72,59	28,087
Densidade, a 25 °C, g/cm³	5,32	2,33
Ponto de fusão, °C	958	1414
Ponto de ebulição, °C	~ 2700	2600
Largura da zona proibida, eV	0,72	1,21
Resistência própria a 25 °C, ohms/cm	~ 65	63000
Mobilidade de elétrons, cm²/V · s	3900 + 100	1350
Mobilidade das lacunas, cm²/V · s	1900 + 100	500
Condutividade térmica a 25 °C cal/s · cm · °C	0,136	0,309
Coeficiente de dilatação linear a 25 °C, 1/°C	$6,65 \cdot 10^{6}$	$4,15 \cdot 10^{-6}$
Número de átomos, cm³	$4,42 \cdot 10^{22}$	$4,96 \cdot 10^{22}$
Coeficiente de difusão de elétrons, cm²/s	90	38
Coeficiente de difusão de lacunas, cm²/s	45	13

Purificação do germânio

Tanto o germânio quanto os demais materiais semicondutores em uso, que são fundamentalmente obtidos por um processo de fusão, apresentam uma quantidade de **impurezas totalmente incompatível** com sua utilização prática. **Impureza frequentemente presente** no germânio é o **cobre**. A sua influência pode inexistir a temperaturas baixas inferiores a 600 °C. Entretanto, acima desse valor, átomos de cobre podem se movimentar, substituindo átomos de germânio, na estrutura cristalina, atuando como **receptores de elétrons**, com o que a condutividade e o tipo de condução, n ou p, podem sofrer alterações. Há necessidade, assim, de se aplicarem os processos de purificação já mencionados, a saber:

1) **Método da cristalização dirigida**, conforme analisado.

2) **Método da fusão zonal**, utilizando-se aquecimento resistivo ou indutivo. O receptáculo é um tubo de quartzo com calha de grafita. Obtida **a fusão**, a calha de grafita se desloca em relação às **fontes de calor**, concentrando-se **as impurezas na** extremidade da barra em fusão. Com o resfriamento das partes já afastadas das fontes de calor e repetido o processo um adequado número de vezes, tem-se o material suficientemente puro. Em termos elétricos, sua resistência é da ordem de 60Ω.cm por centímetro. A Figura 10.1 representa o sistema utilizado.

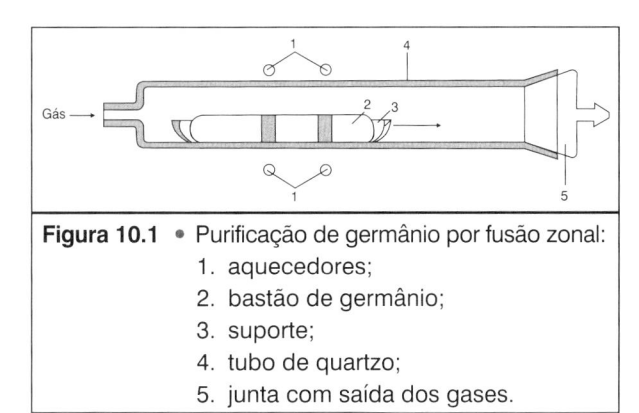

Figura 10.1 • Purificação de germânio por fusão zonal:
1. aquecedores;
2. bastão de germânio;
3. suporte;
4. tubo de quartzo;
5. junta com saída dos gases.

Obtenção de monocristais de germânio de resistividade prefixada

Depois de passar pelo processo de purificação, a **barra de germânio** apresenta uma estrutura policristalina. Tal material ainda **não** satisfaz as exigências da eletrônica dos semicondutores, sendo **inadequado** para a construção de componentes.

É necessário, para se obter a matéria-prima **adequada**, transformar o **policristal** em **monocristal**, pois este se **apresenta homogêneo** e com estrutura ideal. Por essa razão, a barra policristalina necessita de um tratamento, sendo geralmente preferido na indústria o processo de **crescimento progressivo de monocristais**, partindo-se do material **em fusão** esquematizado na Figura 10.2. Nesse processo, a **barra policristalina** de germânio é colocada num cadinho **de grafita ou quartzo**. No porta-cristal de base (2) de grafita ou quartzo, fixo à sustentação superior (8), se coloca **o cristal básico puro, monocristalino (3)**.

Ao iniciar-se a cristalização, **o cristal básico monocristalino** submerge na fusão e, regulando-se **a temperatura de fusão**, obtém-se a fusão superficial do cristal. Fecha-se hermeticamente o forno (1), retirando-se o ar do mesmo até uma pressão de 10^{-4} a 10^{-5} mm Hg.

O material semicondutor **se funde no cadinho (5)**. Depois de fundido, liga-se o mecanismo **de rotação do cadinho (7)**, mantendo-se, assim, uniforme o **gradiente de temperatura** e deslocando-se o **material de base (9)**. À medida que o material básico sobe e o calor é liberado (esfriamento), a massa fundida começa a se cristalizar sobre esse material básico, formando-se uma **barra** paulatinamente extraída da fusão, ou seja, **o monocristal**. Durante a cristalização progressiva, processa-se simultaneamente a purificação, seguindo-se **o princípio da purificação zonal**.

Os diferentes tipos de dispositivos semicondutores necessitam germânio do tipo p e n, e com diversos valores de condutividade. Esses aspectos são consequências de acréscimos (impurezas) de materiais, na forma de receptores ou doadores de elétrons, em quantidade rigorosamente dosada, lembrando-se que, via de regra, a cada 10^7 partes de Ge corresponde uma parte de impureza.

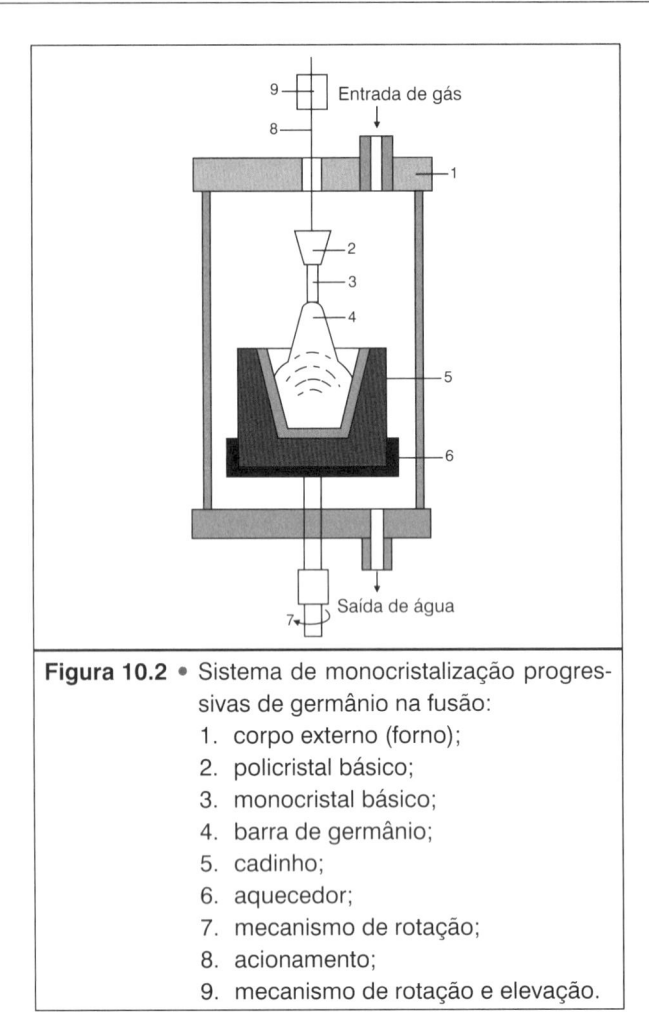

Figura 10.2 • Sistema de monocristalização progres-
sivas de germânio na fusão:
1. corpo externo (forno);
2. policristal básico;
3. monocristal básico;
4. barra de germânio;
5. cadinho;
6. aquecedor;
7. mecanismo de rotação;
8. acionamento;
9. mecanismo de rotação e elevação.

Parte-se, portanto, de um material praticamente puro, controlando-se as impurezas acrescentadas, para a obtenção de características semicondutoras adequadas, usando-se um dos processos já mencionados.

3 • O SILÍCIO (SI)

Um segundo material básico de valência IV, usado frequentemente na área dos semicondutores, é o silício, sendo os métodos de obtenção e de dopagem bem semelhantes aos usados com o germânio, a menos das ordens de grandezas envolvidas. O silício é termicamente mais estável do que o germânio, podendo, por isso, ser usado a temperaturas ambientes de até 150 °C; permite reduzir a corrente inversa, o que reduz as perdas, fato que eleva o rendimento e simplifica os métodos de refrigeração.

Todos esses aspectos justificam a ampla predominância atual do uso do silício como matéria-prima para a construção de componentes semicondutores.

Excetuando-se o hidrogênio, o silício é o elemento mais frequentemente encontrado na natureza, correspondendo em peso a aproximadamente 1/4 da crosta terrestre. Na forma natural, é encontrado nas rochas e em minérios (quartzo, feldspato e mica). A areia é composta em parte por silício, entrando, assim, também na composição de diversos isolantes, como, por exemplo, no vidro.

O composto mais característico do silício é o dióxido de silício (SiO_2). O silício não é encontrado livre na natureza. Essas formas são obtidas através de processos industriais, resultando o silício cristalino ou amorfo, dependendo do processo usado.

O silício amorfo é um pó de cor marrom. O silício cristalino é uma substância de cor negra, frágil, e é quebradiço, de brilho metálico, quimicamente muito inerte por pertencer ao grupo de elementos de valência IV, que tem completa a camada da valência com 8 elétrons. Outros valores numéricos podem ser obtidos da Tabela 10.1.

Sua temperatura de fusão é de 1 415 °C. Na presença do ar, se recobre com uma fina camada de óxido. É bastante resistente a ácidos, sendo solúvel em álcalis e em misturas de ácido fluorídrico e nítrico.

Elevando-se a sua temperatura, o silício reage com diversos elementos, como, por exemplo, o hidrogênio, e se dissolve bem em metais em estado de fusão, como, por exemplo, o magnésio, o cálcio, o cobre, o ferro, a platina, o bismuto, o alumínio, o estanho etc.), combinando-se ou reagindo com os mesmos. Resulta daí uma grande família de derivados siliciosos de significativa importância industrial.

Obtenção do silício e seus métodos de purificação

A obtenção do silício monocristalino de alta pureza, adequado à fabricação de componentes semicondutores, é um problema bem mais complexo do que no caso do germânio. Esse fato, é explicado devido aos seguintes motivos:

1) O silício em estado de fusão apresenta elevada atividade química, o que facilita a penetração de impurezas no material fundente.

2) A simples aplicação dos métodos metalúrgicos de purificação não é suficiente para se alcançar o grau de pureza necessário às aplicações práticas. Por essa razão, diversos novos métodos de purificação foram desenvolvidos. Descrevemos, a seguir, um desses métodos, de uso bastante difundido.

Método de purificação

O silício industrialmente obtido possui considerável quantidade de diversas impurezas, tais como o **silicato de ferro e alumínio**, além de outros derivados de silício **com ferro, cálcio e magnésio**. Essa mistura de elementos é tratada com uma mistura de **ácidos**, que reagem bem com as impurezas e pouco afetam o silício. Depois desse tratamento e da aplicação de **água régia** (mistura de ácido fluorídrico, sulfúrico e clorídrico) e, assegurando-se a eliminação de resíduos, obtém-se um silício com pureza 99,98%.

Sem dúvida, obtendo-se desse silício uma barra ou vareta monocristalina, a resistividade encontrada não será superior a uma fração de ohms x centímetro.

Para se obter um silício de melhor qualidade e de maior resistividade, devemos tratá-lo com HC1 a uma temperatura $T \sim 300$ °C; obtém-se um produto dado por $SiHCl_3$, que é reduzido à base de hidrogênio. O elemento fundamental dessa redução química é um forno, no qual os elementos de aquecimento são varetas de silício policristalino. Através dessas varetas se faz passar uma corrente elétrica, cujas perdas em joule elevam a temperatura do forno à 1 100-1 200 °C. Nessas condições, o $SiHCl_3$ **sofre redução** na presença de **hidrogênio**, como segue:

$$SiHCl_3 + H_2 \rightarrow Si + 3HCl.$$

O silício livre assim obtido **se deposita** sobre as varetas de silício policristalino na forma de **uma sólida capa de pequenos cristais** (monocristais). O diâmetro da vareta **se eleva** consideravelmente, o que influi sobre o efeito térmico dissipado pela vareta, exigindo o reajuste da corrente. **As plaquetas policristalinas** de silício obtido sobre a vareta, possuem uma resistividade bastante elevada (alguns milhares de ohm x centímetro), enquanto os monocristais obtidos a partir desse silício apresentam valores de apenas algumas **dezenas de ohm x centímetro**, o que se supõe ser a consequência da transferência de impurezas ao monocristal.

Depois de terminado o processo, as varetas recobertas com os **monocristais de silício** são retiradas do forno, sendo, em seguida, tratadas com uma mistura **de ácidos fluorídrico e nítrico**, passando-se, em seguida, à purificação metalúrgica.

O método de purificação aqui mais recomendado é também o da fusão zonal, sem cadinho, conforme é representado na Figura 10.3. As varetas de silício são fixas entre os encaixes superior e inferior, dentro de uma câmara adequada, que permite o seu fechamento hermético.

O suporte superior pode girar livremente, com possibilidade limitada de movimento na horizontal e na vertical. A **vareta de silício** montada dentro da câmara sofre a ação indutora, em alta frequência, de uma bobina colocada ao longo do seu comprimento, como indica (4) e a zona em fusão (3). Segue-se, portanto, a mesma sequência de providências já antes analisadas, permitindo obter-se silício com resistividade de 1 000Ω.cm. O processo é um tanto **lento**, pois precisa ser **repetido de dez a quinze vezes** até se obter a pureza desejada, o que torna o processo **de baixo rendimento**.

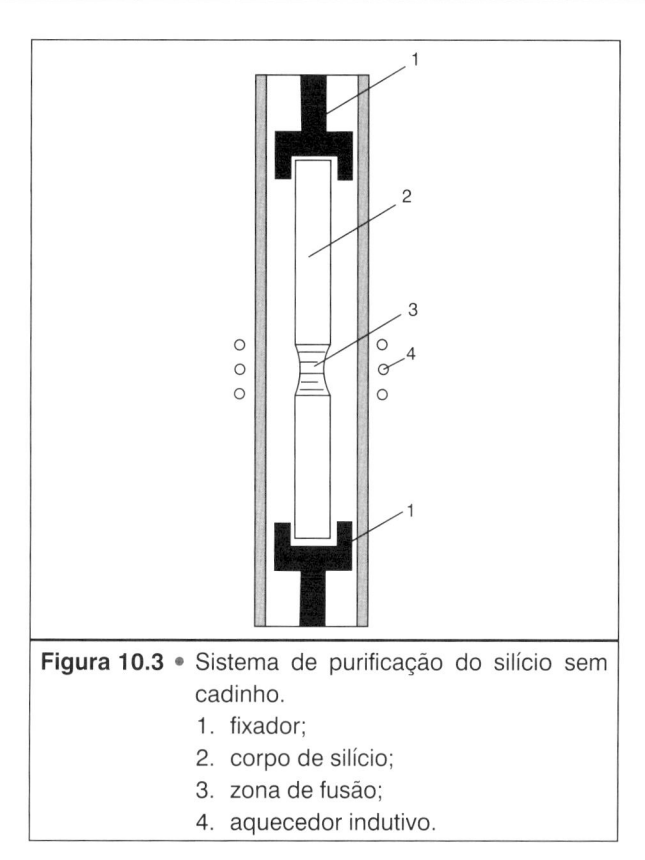

Figura 10.3 • Sistema de purificação do silício sem cadinho.
1. fixador;
2. corpo de silício;
3. zona de fusão;
4. aquecedor indutivo.

4 • OUTROS MATERIAIS SEMICONDUTORES

Há cerca de 50 anos atrás, o selênio dominava amplas áreas de uso de componentes semicondutores; hoje, se dá preferência **ao silício**. É de se prever que dentro de mais alguns anos, tenhamos também **a substituição do silício** por outro material. Assim, na Tabela 10.2, vêm relacionadas mais algumas grandezas, comparando-se Se, Si, Ge e vapor de Hg quanto às suas características, as quais, em última análise, definem o próprio uso do componente mais adequado.

Tabela 10.2 • Comparação de retificadores semicondutores.

Características		Se	Si	Ge
Tensão de bloqueio máx./elemento (V)		35	600	80 a 160
Queda de tensão/elemento (V)		1,2	1 a 1,3	0,6 a 0,7
Rendimento (%)		92	99,6	98,5
Limite de temperatura da parte ativa (°C)		85	150	65
Limite de temperatura do meio refrigerante (°C)	carga nominal	até 35	até 50	até 35
	carga reduzida	75	105	50
Tipo de refrigeração		Ar e líquido	Ar e líquido	Ar e líquido

Capítulo 11

Tipos de ligações semicondutoras

Materiais semicondutores (p ou n) podem ser ligados entre si das maneiras dadas a seguir.

1 • POR JUNÇÃO

Corresponde ao contato das superfícies **dos dois ou mais semicondutores**, através das quais se dará a circulação das cargas elétricas.

A Figura 11.1 representa alguns dos casos mais comuns.

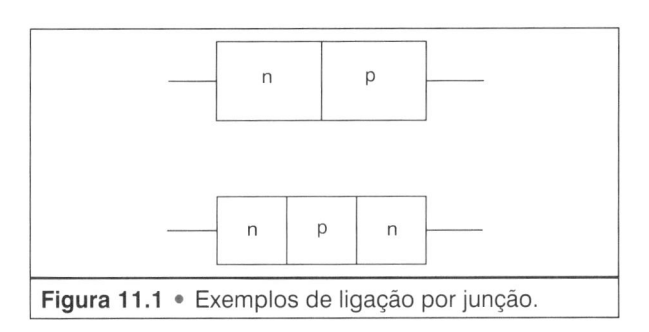

Figura 11.1 • Exemplos de ligação por junção.

2 • POR PONTAS

Tem-se, nesse caso, o contato entre as partes de um componente, por meio de **pontas de contato**. Comparado com o tipo anterior, este é geralmente encontrado em componentes **para correntes menores**, devido à menor seção de contato. A Figura 11.2 mostra esse caso.

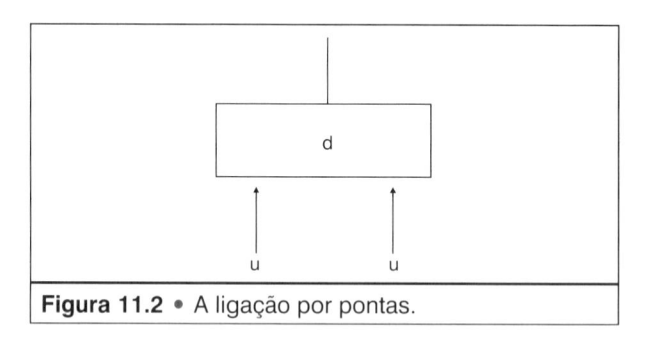

Figura 11.2 • A ligação por pontas.

3 • POR DIFUSÃO

Consiste na **dopagem** de um certo volume de material **de base** numa polaridade ou concentração de cargas diferente do material de suporte. A representação é feita na Figura 11.3.

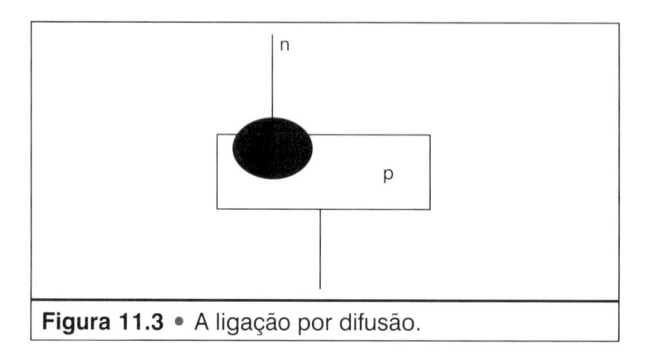

Figura 11.3 • A ligação por difusão.

Capítulo 12

Componentes semicondutores típicos

Conforme já foi mencionado por diversas vezes, as características de funcionamento de um semicondutor **variam** de acordo com a **presença** de diversos tipos de energia, por exemplo, **elétrica, magnética, luminosa etc**. Daí resultam diversos componentes que, apesar de serem todos da família dos semicondutores, têm **comportamento fundamentalmente diferente**.

Não é objetivo desse livro abordar tecnicamente os componentes, descrevendo suas características. É antes de interesse, a título de exemplo, citar brevemente alguns dos principais componentes e sua respectiva variação, deixando-se para programas mais voltados aos componentes eletrônicos o aprofundamento de suas características. Além do carvão, já antes analisado, podemos mencionar:

1 • DÍODOS SEMICONDUTORES E SUAS CARACTERÍSTICAS

São diversos os tipos de díodos semicondutores atualmente fabricados. Os mais antigos são os de selênio e dióxido de cobre, os mais recentes de germânio e silício, e outros materiais que adquirem importância.

Os materiais semicondutores usados, na forma de pares np, **diferem acentuadamente entre si**, dando origem a propriedades particulares. Estruturalmente, são formados **por mono ou policristais**. As polaridades n e p são obtidas mediante dopagens, com elementos de valência III (p) ou V (n), conforme já analisado. Quanto aos métodos de dopagem, predominam os de difusão.

Reportando-nos **às matérias-primas** e valendo-nos da Figura 12.1, as estruturas básicas desses componentes são as representadas.

Durante a fase de dopagem e na **subsequente cristalização**, os átomos de índio penetram na zona de borda do cristal **de germânio**, formando um semicondutor do tipo p, enquanto a parte inalterada do cristal de germânio mantém **a polaridade n**. A combinação assim obtida ao longo da junção determina a característica de condutividade em um só sentido (o de condução) do díodo, no que se baseia seu **efeito retificante**.

Outro tipo de díodo é o de silício, associado ao alumínio. Silício do **tipo** n e alumínio do **tipo** p associados em **junção** formam este par. Uma condução do **tipo** p é formada quando átomos de alumínio penetram na borda do corpo de **silício**, enquanto a parte de silício livre de difusão mantém sua **condutividade** n.

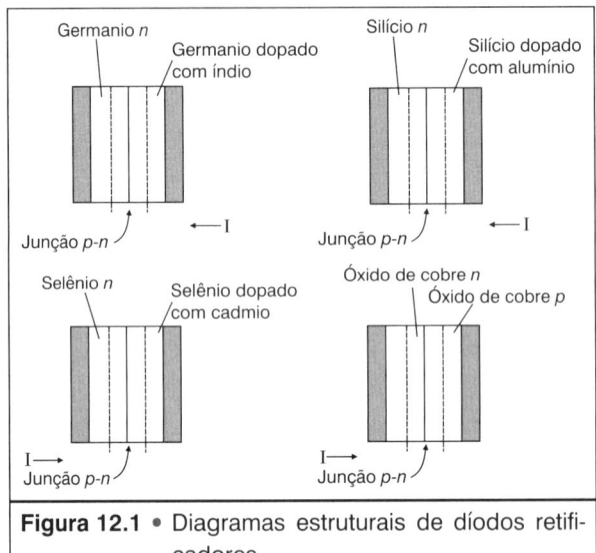

Figura 12.1 • Diagramas estruturais de díodos retifi-cadores.

No caso dos **díodos de selênio**, o elemento de **polaridade** p é formado por **selênio cristalino**, obtido por processo térmico em estado **amorfo**. O selênio é depositado sobre uma placa de **alumínio**. O corpo de **polaridade** n é obtido pela **difusão** de átomos de cádmio (obtidos de uma liga cádmio-estanho) para dentro de estruturas de selênio. A liga é depositada por **fusão** sobre uma superfície de selênio.

No caso de díodos de dióxido de cobre, o **condutor** n é o **dióxido de cobre** com certa falta de oxigênio, enquanto o **componente** p é formado por óxido de cobre com adequado excesso **de oxigênio**. Este díodo é obtido num processo térmico, tendo como base discos ou placas de **cobre**.

Em todos os díodos descritos, a condutividade num só sentido é baseada no comportamento de 2 elementos básicos com polaridade ou condutividade p e n, em contato direto, valendo-se de ligações de **junção ou difusão**, nas quais uma carga espacial dá origem a um campo elétrico (Figura 12.2 a e b). As cargas espaciais negativas em elementos p são formadas por íons negativos das impurezas receptoras de elétrons devido à movimentação de certo número de **elétrons livres provenientes dos elementos** n. O deslocamento, por seu lado, de um certo número de elétrons dos **elementos** n, causam *cargas espaciais positivas* formadas por impurezas **doadoras**.

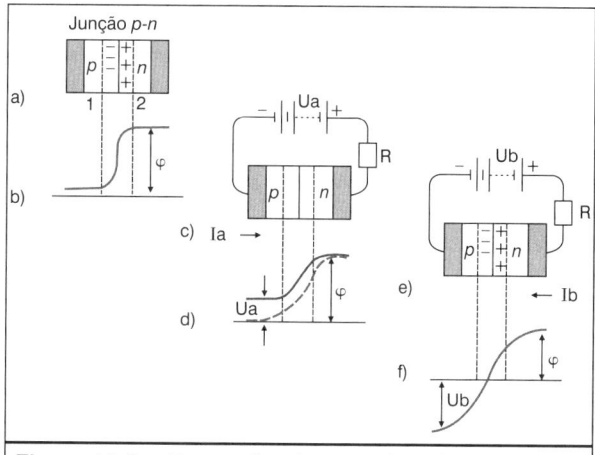

Figura 12.2 • Formação de uma junção *p-n* e dos diagramas de potencial na ausência de tensão externa (a e b), de polaridade direta (c e d) e inversa (e e j).

O **campo elétrico** na junção, caracterizada pela curva de **distribuição de potencial** da Figura 12.2b, representa uma barreira de potencial. Essa barreira evita uma excessiva passagem de lacunas do elemento *p* para o *n* e de **elétrons** na direção oposta.

É importante notar que, mesmo que o campo deixe de existir, **não cessa completamente** a passagem de **elétrons** pela junção. **Lacunas** passam, por **difusão** e pela ação do campo, do elemento *p* para *n*, e no sentido contrário. Também elétrons passam por difusão do elemento *n* **para** *p* e, igualmente, na direção oposta, pela ação do **campo**. A barreira de potencial na junção *p-n* se **eleva** quando o fluxo em oposição de lacunas e de elétrons se torna igual, o que corresponde à **corrente zero na junção**.

Quando uma fonte **externa de tensão** é aplicada a um díodo, com terminal positivo em *p* e, logicamente, o negativo em *n,* tal como representa a Figura 12.2e, a barreira de potencial se reduz, elevando sensivelmente o **fluxo de difusão** de *p* para *n*. Este estado é de **condução** de díodo. **A corrente é designada por Ia.**

Na **situação inversa** (Figura 12.2e), a barreira de **potencial é elevada**, na junção passam **poucas** cargas e estamos perante o **sentido de bloqueio**. A corrente, eventualmente circulante, será Ib. Tanto a corrente de **condução** quanto a de **bloqueio** representam a soma dos componentes da corrente **eletrônica** (de elétrons) e da das **lacunas**.

Entre a **densidade de corrente** de condução, Ja, e **a tensão de condução** aplicada à junção, Ua, tem-se a seguinte equação:

$$Ja = Js\left[\exp\left(Ua/\varphi T\right) - 1\right], \tag{39}$$

onde Js é a densidade de corrente de portadores minoritários perante valores consideráveis negativos de tensão Ua. Essa corrente é chamada de **corrente de saturação**, pois ela possui um valor limite que depende da concentração das cargas de **portadores minoritários**. A densidade da corrente no sentido de **bloqueio** pode ser observada na Figura 12.4, no quadrante de aplicação da tensão de **bloqueio** ou de **pico inverso**. As Figuras 12.3 e 12.4 apresentam exemplos de variação da característica tensão-corrente de **díodos retificadores**, demonstrando-se particularmente na Figura 12.4 a influência da temperatura, o que pode **assumir importância especial** em algum caso, notando-se influências porcentuais ou absolutas diferentes, de acordo com o material utilizado.

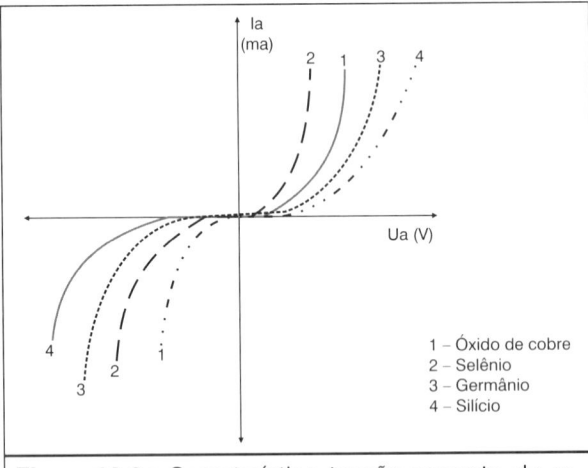

Figura 12.3 • Característica tensão-corrente de retificadores semicondutores de baixa potência.

Por outro lado, reportamo-nos novamente à Tabela 10.2, que apresenta valores numéricos característicos dos **retificadores semicondutores** mais usados. Dessa tabela, podemos concluir:

- Díodos de silício têm maior **estabilidade térmica**, mas a queda de tensão (ΔU) através deles é **maior**.

- Díodos de silício admitem **maior densidade de corrente**, o que significa menor número de díodos em paralelo quando a corrente a ser retificada ultrapassa a admissível para um único díodo.

- Competindo com o germânio na faixa até 400V **de pico inverso**, o silício é mais favorável **na retificação de tensões superiores** a 400V, quando então um menor número de elementos precisam ser ligados em série.

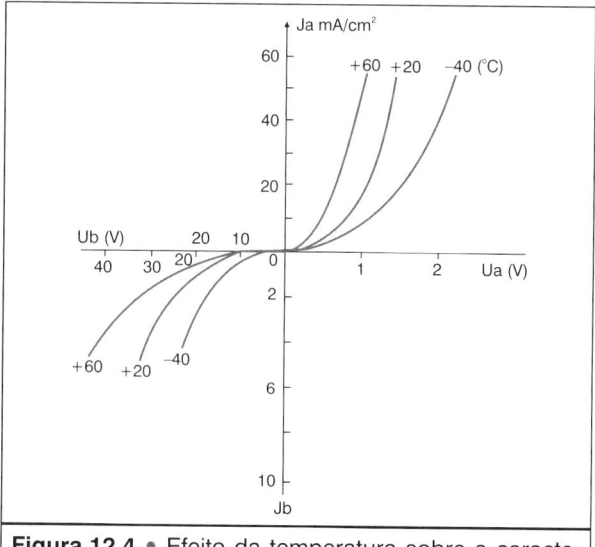

Figura 12.4 • Efeito da temperatura sobre a característica tensão-corrente de retificadores de selênio.

As Figuras 12.5 (a e b) demonstram as situações de ligação série e paralela, o que, na combinação de ambos torna ainda mais evidente as vantagens técnicas do silício. Uma opção final quanto ao uso de díodos de silício inclui evidentemente também aspectos de custos/unidade e de espaço disponível, notando-se, de modo geral, uma predominância de soluções em que se usam **retificadores de germânio e silício** e uma **redução** cada vez maior dos demais tipos.

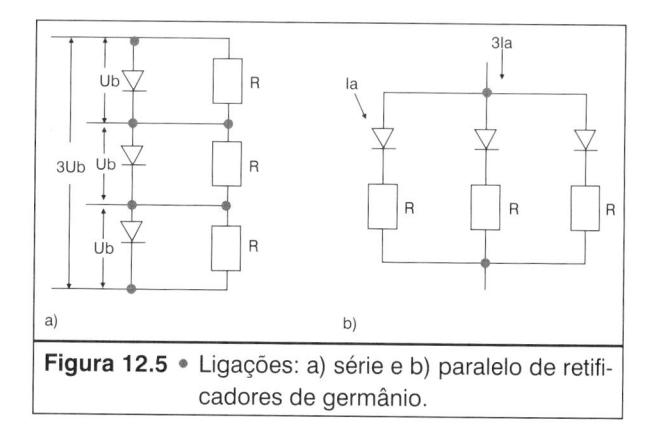

Figura 12.5 • Ligações: a) série e b) paralelo de retificadores de germânio.

As propriedades físicas dos díodos semicondutores sofrem alguma alteração com o tempo. Essas mudanças irreversíveis, conhecidas por "envelhecimento", tornam-se acentuadas sobretudo quando da operação prolongada sob condições de elevada temperatura e são particularmente destacadas nos retificadores de selênio. O menor envelhecimento, ou seja, a máxima constância dos parâmetros de estabilidade é encontrado nos díodos de dióxido de cobre, pois os mesmos são submetidos a um "envelhecimento artificial" durante a fabricação; este fato explica o uso de díodos desse tipo em instrumentos de medição. Também se pode considerar insignificante o envelhecimento de díodos de silício e de germânio.

Finalmente, devemos observar que as perdas que ocorrem no díodo semicondutor, representadas por uma elevação de temperatura, e uma temperatura que, pelo exposto, pode afetar sensivelmente a característica operacional do componente, levam-nos a exigir uma rápida diminuição dessas calorias, quando o valor das mesmas atinge valores acima do limite admissível. Vimos, em tabela anterior, que cada díodo, de acordo com a matéria-prima com que é feito, admite elevações de temperatura diferentes e apresenta também diferentes valores de perdas internas. Disso resulta que particularmente díodos de selênio necessitam de aletas de refrigeração, fato este que pode comprometer o uso desse tipo de retificador, pelo espaço que assim ocupam, além de, devido à menor densidade da corrente admissível e a menor tensão de bloqueio, haver maior necessidade de ligações série-paralela, perante tensões e correntes mais elevadas. Nestes aspectos, destacam-se as vantagens do silício que, por essas razões, é preferido em numerosos casos.

2 • DÍODOS RETIFICADORES

Díodos de germânio

Os díodos de germânio com contatos de pontas são constituídos por uma pastilha de germânio tipo n, sobre a qual está pressionada a ponta metálica de uma mola. A junção pn é obtida fazendo-se passar uma corrente de intensidade crítica pelo fio de contato e pelo cristal. Durante esse processo, os átomos de metal se deslocam do fio para o germânio, resultando nesse setor uma região p de área extremamente pequena, o que determina uma capacidade de condução própria (intrínseca) muito baixa. Essa construção possibilita a utilização desse componente em frequências elevadas.

Para cada aplicação existe um tipo adequado.

Podem-se distinguir:

a) díodos de radiofrequência para circuitos retificadores de alta impedância;
b) idem, para circuitos retificadores de baixa impedância;
c) díodos de elevada tensão inversa;
d) díodos especiais com resistência direta extremamente baixa;
e) díodos para comutação.

Características e limites dos díodos de germânio

Os limites máximos indicam a carga à qual o díodo pode ser submetido. São valores máximos permissíveis de grandezas elétricas que não devem ser excedidos individual ou simultaneamente. Para aplicações em circuitos alimentados por correntes **senoidais** ou **pulsantes**, os valores de pico (tensão inversa e corrente direta) são funções da **frequência** e do fator de **utilização**. No caso dos retificadores, o valor máximo da **corrente** retificada depende da **tensão inversa**. Com tensões de forma de onda diferente das anteriormente referidas, deve-se fazer uso do *tempo de integração, ti*.

Características estáticas e dinâmicas dos díodos de germânio

As características **estáticas** indicam o comportamento em corrente **contínua**, as **dinâmicas** em corrente **alternada** na faixa de radiofrequência.

No caso estático, existe uma grande diferença entre o **sentido direto e o inverso**. Esse fato deve ser levado em conta, porque as duas regiões têm comportamento diferente. No caso das características dinâmicas, devem ser indicadas a **resistência de amortecimento** (R_d) e a **relação** (n) entre a tensão contínua na carga e o valor limite da tensão de radiofrequência *(RF)* de **entrada**. A resistência de **amortecimento** é a resistência de **entrada** de um circuito retificador com **carga**, vista pelo circuito oscilante.

3 • DÍODOS DE CAPACITÂNCIA

Também chamados de **varicaps**, o seu uso é encontrado em circuitos de **sintonia** fina automática, em circuitos de sintonia eletrônica, em acoplamentos capacitivos em filtros etc. A capacitância da junção depende da **tensão inversa** aplicada no díodo, a saber

$$C_J = \frac{C_{J0}}{\left[1 + \frac{U_R}{U_D}\right]^n} \tag{40}$$

onde C_{J0} = capacitância da junção sem polarização aplicada;

U_D = potencial de contato (0,7 V no caso dos díodos de silício);

U_R = tensão inversa máxima;

n = fator dependente do processo de fabricação.

Enquanto os díodos de difusão têm $n \approx 0,33$, os díodos de transição abrupta, obtidos pelo processo planar, têm $n \approx 0,45$ a 0,48, e os chamados hiperabruptos têm $n > 0,5$. **Essa variação de n torna esses díodos próprios para vasta gama de frequências.**

Na função como díodo retificador, o selênio, o silício e o germânio apresentam áreas de atuação **bem definidas**, expressas na Tabela 12.1. Esses valores têm a finalidade meramente de permitir uma comparação, havendo variação de valores numéricos de fabricante para fabricante.

4 • TERMISTORES

São semicondutores cujo valor resistivo depende acentuadamente da **temperatura**, como representa a Figura 12.6, sendo adequados, por isso, para **medir variações de temperatura**.

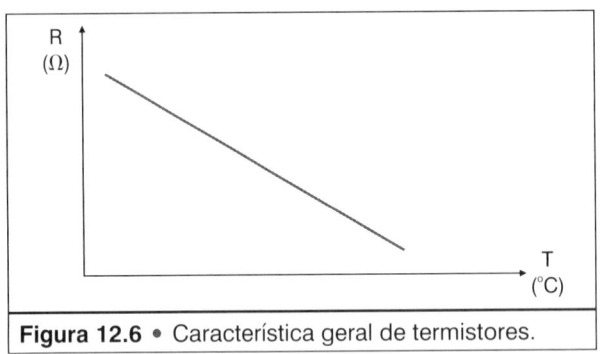

Figura 12.6 • Característica geral de termistores.

Com tal característica, o seu uso é encontrado em todos os casos em que uma elevação de temperatura informa sobre um **comportamento de um equipamento elétrico**, ou senão em casos onde se procede uma **simples medição** de temperaturas, como os indicados a seguir.

1) **Em relés de proteção de motores**, onde o efeito térmico da corrente passante tem correlação com a corrente nominal admissível. Em caso de sobrecorrente, o termistor comanda um circuito elétrico capaz de desligar o motor, se assim for necessário.

2) **Em caso de partida de motores**: próprio para motores pequenos onde o efeito térmico da corrente de partida é controlado pelo termistor.

3) **Para a medição e controle automático de temperatura**, em fornos, motores a explosão e em outros casos.

A Tabela 12.1 apresenta alguns exemplos de materiais usados nos termistores com suas características.

Tabela 12.1 • Matérias-primas para termistores e suas propriedades.		
Material	**Condutividade elétrica (m/Ω.mm²)**	**α_t (grau⁻¹)**
CuO	10^{-6} a 10^{-10}	$-2,5 \cdot 10^{-2}$
ZnO	10^{-4}	$-0,5 \cdot 10^{-2}$
Ag$_2$S	$2 \cdot 10^{-7}$	$-4 \cdot 10^{-2}$

5 • VARISTORES

São semicondutores, cuja **resistência** varia em função da **tensão**. Como matéria-prima básica, usa-se o **carbonato de silício** (SiC) com acréscimo de **argila** e outros materiais.

Uma de suas aplicações elétricas principais é **nos para-raios**, onde, no ato de uma elevação de **tensão** devida a **uma descarga atmosférica**, a resistência imediatamente **se reduz**, conforme vem representado genericamente na Figura 12.7, permitindo a **descarga** da **sobretensão** existente.

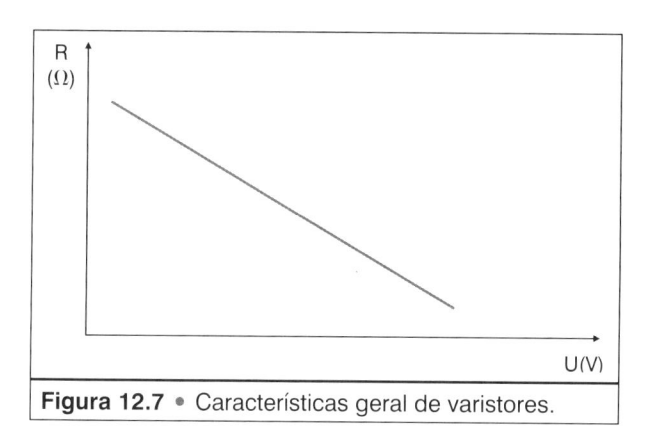

Figura 12.7 • Características geral de varistores.

6 • FOTOELEMENTOS

Fotoelementos são componentes semicondutores que variam acentuadamente sua **resistência elétrica** perante variações da **intensidade da luz** presente. Essa variação pode ser provocada pela incidência de fachos luminosos, ou simplesmente ser a consequência do pôr do sol. Dos exemplos que serão dados, vamos observar a presença de certos materiais já de nosso conhecimento, como o selênio, por exemplo. Portanto, se esse selênio deve atuar como **elemento fotossensível**, deverá ficar somente sujeito às variações da **luminosidade**; entretanto, no uso em **díodos retificadores**, o selênio deve ficar **protegido** dessas variações, para **não afetar** suas propriedades retificadoras de modo descontrolado; é quando o selênio precisa ser **encapsulado**, para não sofrer variação de características perante mudança de luminosidade externa. Vejamos alguns dos componentes fotossensíveis de maior uso:

Fotocélulas

São elementos controladores do facho de luz, usados em iluminação pública, comando de máquina, contagens de unidades etc. A sensibilidade apresentada depende do material usado.

Fotorreceptores

Convertem sinais luminosos em corrente elétrica e sinais de tensão.

Fotodíodos (Figura 12.8)

A luz incidente libera elétrons de suas estruturas atômicas, gerando, portanto, elétrons livres e lacunas. Os elétrons se movem na região de **depleção** e aumentam a **corrente reversa** (fotocorrente) proporcional à **intensidade luminosa**.

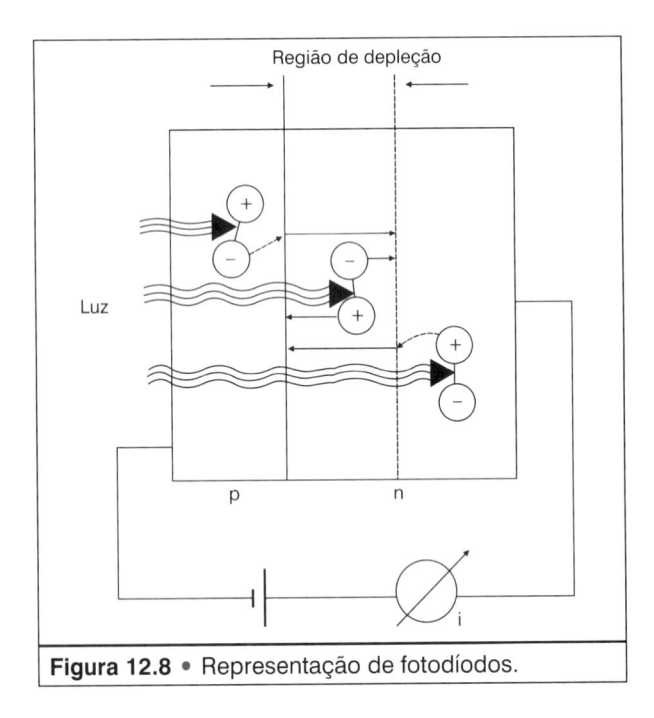

Figura 12.8 • Representação de fotodíodos.

Aplicações. Na medição de **intensidade luminosa** (por exemplo, fotografia); barreiras luminosas; posicionamento em máquinas de corte; controle remoto com radiação infravermelha, transmissão de som por radiação infravermelha e detecção de sinais luminosos de alta frequência.

Célula fotovoltaica (Figura 12.9)

Como no fotodíodo, a luz incidente **gera portadores de carga**. Mas a diferença básica é que na célula fotovoltaica **nenhuma tensão** é aplicada à **junção** pn. Quando os elétrons e lacunas atingem a junção pn, eles são **separados** pelo campo interno da **região de depleção**. O elemento fotovoltaico força a **corrente** a fluir no circuito **externo**, portanto **a energia luminosa é convertida em energia elétrica**.

Aplicações. Em geração de energia elétrica como células solares (eficiência em torno de 11%).

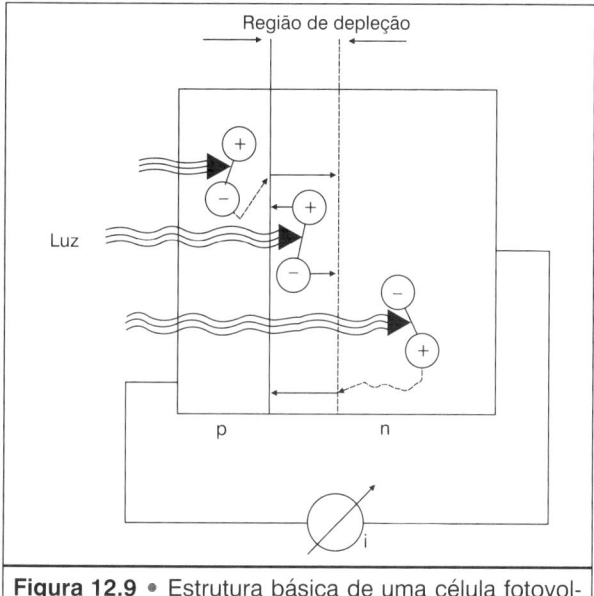

Figura 12.9 • Estrutura básica de uma célula fotovoltaica.

Fototransistores (Figura 12.10)

O transistor atua da mesma maneira que o fotodíodo, só que amplificando o seu sinal. A função pn, **base-coletor**, constitui um fotodíodo; a **fotocorrente** gerada nessa junção passa também pelo **emissor**. Devido **ao efeito transistor**, a corrente do emissor é aproximadamente 500 vezes maior que a **fotocorrente** original.

Aplicações. Em equipamento de **controle de luz na leitura de cartões perfurados e fitas**, em acopladores ópticos.

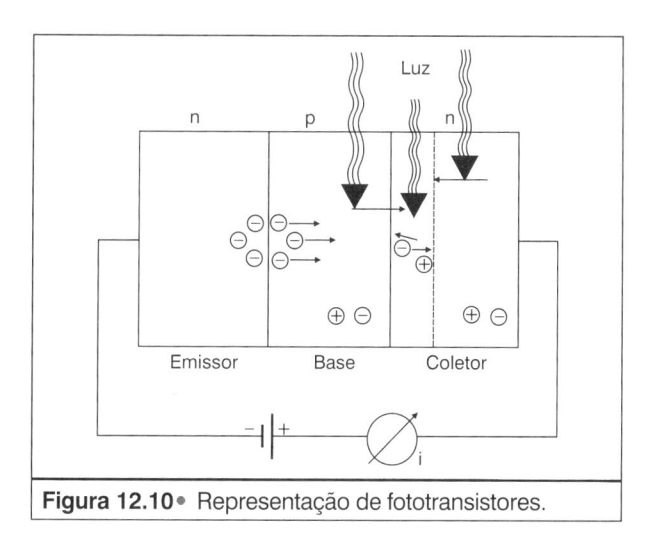

Figura 12.10• Representação de fototransistores.

Díodos emissores de luz (LED) (Figura 12.11)

Converte **corrente elétrica em luz visível** ou **em radiação infravermelha**.

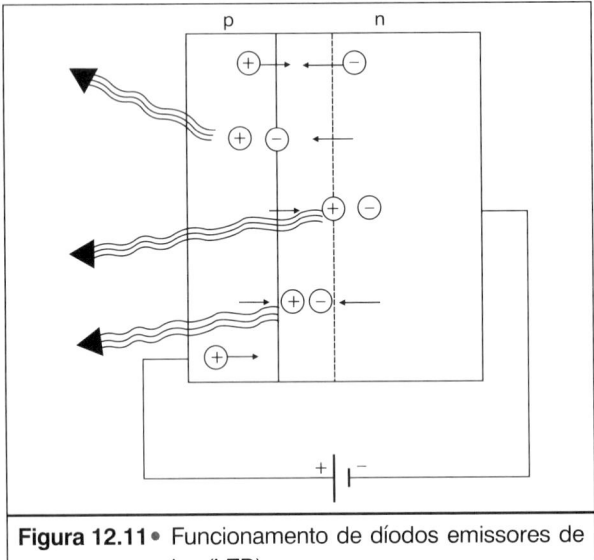

Figura 12.11 • Funcionamento de díodos emissores de luz (LED).

Princípio de operação do LED

É o **inverso** do efeito fotodíodo. **Elétrons livres e lacunas** se combinam emitindo luz. Os díodos emissores de luz consistem em cristais com uma junção pn.

Quando a polarização direta é aplicada, elétrons da região n e da região p atravessam a junção pn e se recombinam, isto é, os elétrons livres começam a ser novamente capturados. A energia liberada nesse processo é dissipada em forma de luz.

Formação de cores

A coloração da luz é determinada pelo tipo de cristal e sua dopagem:

GaAs – infravermelho;

GaAsP – dependendo da concentração de fósforo, é vermelho ou amarelo;

GaP – com dopagem de zinco e oxigênio, vermelho; GaP – com dopagem de nitrogênio, é verde ou amarelo.

Cristais com duas junções pn apropriadas podem emitir luz vermelha, verde ou amarela dependendo da tensão aplicada.

ATENÇÃO: Em volumes separados, sob o título "Materiais elétricos – aplicações", o leitor encontra mais informações em componentes e equipamentos de uso diário.

Figura 12.12• Fabricação de transistores do tipo planar para dois sistemas adjacentes (Icotron).

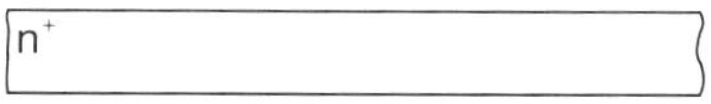 n$^+$	**Material inicial:** Disco simples de silício n$^+$ altamente dopado, φ 50 – 75 mm, espessura 0,3 mm.
 n$^+$	**Epitaxia** Crescimento de uma camada de silício com dopagem n. Espessura em torno de 10 μm (camada de coletor).
 n$^+$	**Primeira oxidação** Fabricação de uma camada de SiO$_2$ com aproximadamente 2 μm de espessura.
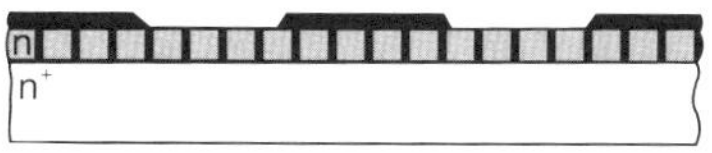 n$^+$	**Abertura de janelas (gravação)** Abertura de janelas na camada de óxido por meio de máscara (fotolitografia).
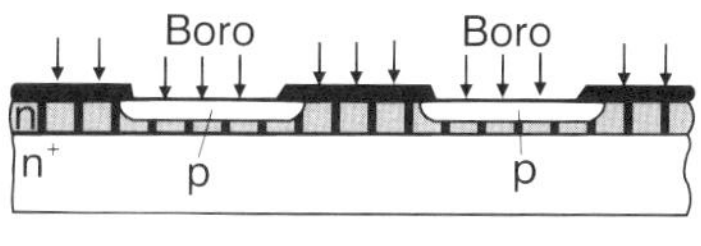 Boro Boro n$^+$ p p	**Difusão de base** Átomos de boro são difundidos através das janelas no cristal, produzindo uma região base de condutividade p.
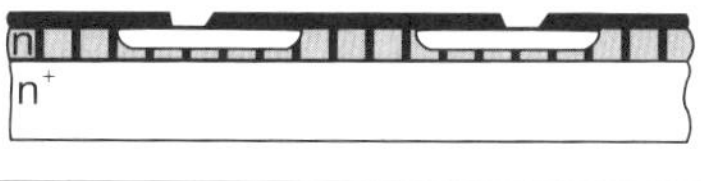 n$^+$	**2.ª oxidação/gravação** Reoxidação da superfície e gravação das janelas **para a difusão de emissor.**
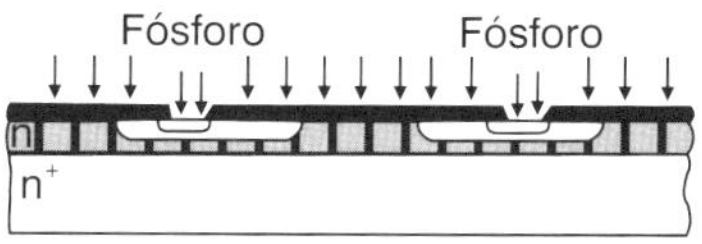 Fósforo Fósforo n$^+$	**Difusão de emissor** Átomos de fósforo são difundidos através das janelas abertas no óxido e produzem a região de emissor com condutividade n.
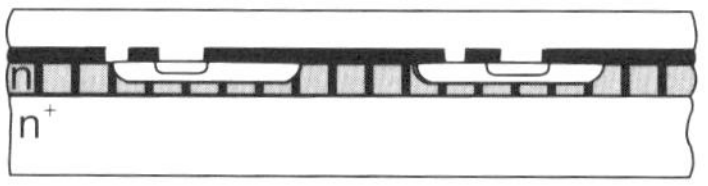 n$^+$	**3.ª oxidação/gravação/metalização** Reoxidação da superfície, gravação e abertura para os contactos metálicos. Segue-se uma deposição metálica por vapor (por exemplo, alumínio), por toda a superfície.
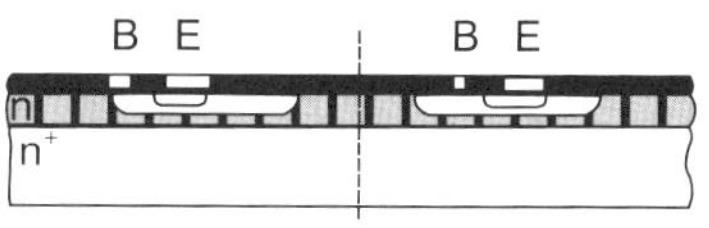 B E B E n$^+$	**Formação da parte condutora/desbastagem do disco** Remoção da camada metálica exceto para as áreas de contatos de emissor e de base. A parte inferior do disco é desbastada até que atinja 0,1 mm de espessura.
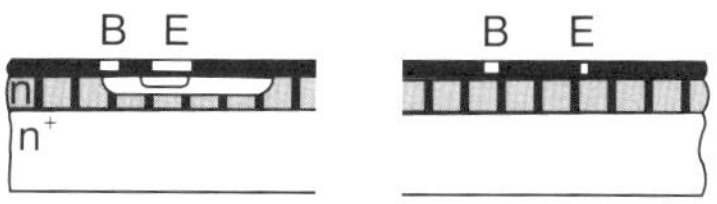 B E B E n$^+$	**Separação dos sistemas** Riscagem do disco e separação em transistores individuais. Soldagem e montagem dos invólucros.

Tabela 12.2 • Principais características de metais puros.

Nome	Símbolo	N. de ordem	Estrutura cristalina a 20 °C	Peso específico [g/cm³]	Ponto de fusão [°C]
Alumínio	Al	13	cúbico	2,70	659
Antimônio	Sb	51	rômbico	6,69	630,5
Bário	Ba	56	cúbico	3,74	710
Berílio	Be	4	hexagonal	1,86	1285
Chumbo	Pb	82	cúbico	11,94	327,4
Cromo	Cr	24	cúbico	7,0	1920
Ferro	Fe	26	cúbico	7,86	1528
Germânio	Ge	32	cúbico	5,35	958,5
Ouro	Au	79	cúbico	19,29	1063
Irídio	Ir	77	cúbico	22,4	2454
Cádmio	Cd	48	hexagonal	8,65	321
Potássio	K	19	cúbico	0,86	63,5
Cálcio	Ca	20	cúbico	1,55	850
Cobalto	Co	27	hexagonal	8,83	1490
Cobre	Cu	29	cúbico	8,92	1083
Lantânio	La	57	cúbico	6,15	885
Lítio	Li	3	cúbico	0,53	179
Magnésio	Mg	12	hexagonal	1,74	650
Manganês	Mn	25	cúbico	7,21	1247
Molibdênio	Mo	42	cúbico	10,2	2630
Sódio	Na	11	cúbico	0,97	97,8
Níquel	Ni	28	cúbico	8,90	1455
Nióbio	Nb	41	cúbico	8,4	1950
Ósmio	Os	76	–	22,41	2700
Paládio	Pd	46	cúbico	11,96	1554
Platina	Pt	78	cúbico	21,43	1774
Mercúrio	Hg	80	rômbico	13,546	–38,84
Rádio	Ra	88	–	–	700
Rênio	Re	75	–	20,53	3170
Ródio	Rh	45	cúbico	12,4	1966
Rubídio	Rb	37	cúbico	1,52	39
Rutênio	Ru	44	–	12,2	2370
Prata	Ag	47	cúbico	10,50	960,5
Estrôncio	Sr	38	cúbico	2,6	757
Tântalo	Ta	73	cúbico	16,69	3030
Tálio	Tl	81	hexagonal	11,84	302,5
Tório	Th	90	cúbico	11,7	1827
Titânio	Ti	22	hexagonal	4,43	1727
Urânio	U	92	cúbico	19,0	1689
Vanádio	V	23	cúbico	6,07	1726
Bismuto	Bi	83	rômbico	9,80	271
Tungstênio	W	74	cúbico	19,3	3380
Césio	Cs	55	cúbico	1,88	28,5
Cério	Ce	58	hexagonal	6,8	775
Zinco	Zn	30	hexagonal	7,14	419,5
Estanho	Sn	50	tetragonal	7,28	231,8
Zircônio	Zr	40	hexagonal	6,49	1860

Nota : 1 caloria = 4,1868 joules(J) ; 1 kgf = 9,81 newtons (N).

Calor específico 0..100 °C [cal/g · °C]	Condutividade térmica [cal/cm · s · °C]	Coeficiente linear de dilatação 10^6 para 0..100 °C	Módulo de elasticidade [N/mm²]	Dureza Brinell [N/mm²]	Condutividade elétrica [m/Ω.mm²]
0,22	0,53	24	700	1,60	35
0,05	0,06	10	790	3,00	2,6
0,07	–	–	–	4,20	–
0,24	0,44	11	3 000	6,00	5
0,031	0,09	29	160	0,30	4,8
0,104	–	8	–	7,00	39
0,10	0,16	12,5	2 160	4,50	10
–	–	–	–	–	–
0,031	0,73	14	810	–	44,4
0,032	0,14	6,5	5 250	–	19
0,055	0,23	30	510	3,50	13,2
0,17	0,23	–	–	0,007	14,1
–	–	–	–	1,30	21,8
0,104	0,18	13	2 078	12,5	10,4
0,092	0,94	16,5	1 300	5,0	57,8
–	–	–	–	3,6	3,7
1,09	–	–	50	–	11,8
0,24	0,41	26	450	2,5	25
0,25	–	22	–	–	22,8
0,065	0,35	5,2	3 000	16	23
0,297	0,32	–	–	–	21,7
0,106	0,14	13	2 100	8,0	11
–	–	–	–	25	–
0,03	–	6,7	–	–	10,5
0,06	0,17	11,9	1 148	5,0	9,8
0,032	0,17	9	1 700	5,0	9,5
0,033	0,03	–	–	–	1,05
–	–	–	–	–	–
0,035	–	–	–	25	4,8
0,058	0,37	8	2 800	11	16,6
–	–	–	–	–	8,1
–	–	–	–	–	6,9
0,056	1,01	19	750	2,0	62,5
–	–	–	–	–	3,3
0,034	0,13	6,5	1 900	3,0	6,5
–	–	–	–	0,3	5,7
0,028	–	–	–	4,0	–
0,113	–	9	1 180	16	2,3
0,029	–	–	–	–	–
0,315	–	12	–	26	16,7
0,029	0,03	12	320	0,9	0,85
0,034	0,38	4,5	370	25	18,9
–	–	–	–	–	4,75
–	–	–	–	2,1	1,3
0,093	0,26	29	1 300	3,5	16,9
0,054	0,15	27	450	1,2	8,3
0,07	–	6,3	–	8,0	2,4